坚持信念

从小做起

JIANCHI
XINNIAN
CONGXIAO
ZUOQI

王可 编著

WANGKE
BIANZHU

中国出版集团
现代出版社

图书在版编目（CIP）数据

坚持信念从小做起 / 王可编著 . — 北京：现代出
版社，2011. 9（2025 年 1 月重印）
ISBN 978 - 7 -5143 -0251 -6

Ⅰ．①坚… Ⅱ．①王… Ⅲ．①信念 – 青年读物②信念
– 少年读物 Ⅳ．①B848. 4 – 49

中国版本图书馆 CIP 数据核字（2011）第 146904 号

坚持信念从小做起

编　　著	王　可
责任编辑	杨学庆
出版发行	现代出版社
地　　址	北京市安定门外安华里 504 号
邮政编码	100011
电　　话	010 – 64267325　010 – 64245264（兼传真）
网　　址	www. 1980xd. com
电子信箱	xiandai@ vip. sina. com
印　　刷	三河市人民印务有限公司
开　　本	710mm × 1000mm　1/16
印　　张	13
版　　次	2011 年 9 月第 1 版　2025 年 1 月第 9 次印刷
书　　号	ISBN 978 – 7 –5143 –0251 –6
定　　价	49. 80 元

前　言

　　信念使我们无所畏惧，无所畏惧地去面对生命的艰难和困苦，无所畏惧地去面对人生的狂风暴雨，无所畏惧地去面对命运的海啸与地震。

　　信念让我们坚定的守护，守护着一份真情，守护着生命的挚爱，守护着朴素的内心，守护着纯洁的心灵。

　　信念让我们充满自信，相信自己能够直面人生，相信自己能够超越自己，相信自己能够迎接命运的各种挑战。

　　信念，是蕴藏在我们内心深处的一团永不熄灭的火焰。

　　信念的力量，让我们在逆境中亦能扬起奋勇前行的风帆；信念的伟大，让我们在遭遇不幸时亦能召起心中的希望，激发出生活的力量。

　　一个人要想成就一番轰轰烈烈的事业，除了要抓住机遇，还需要有一种发自内心的强大力量，这就是"我一定要做，我一定能成功"的坚定信念。

　　信念通常在两个方面起着决定性的作用：第一，当一个人身处逆境或遇到挫折和困难时，强烈的信念力量能够帮助他克服困难、战胜挫折，在逆境中向既定的目标继续前进，顽强拼搏；第二，当一个人取得一定成就后，一种做大事的信念又使他不满足于现有的成绩，从而锋芒内敛，向着更高的目标迈进。

　　如果你能够相信自己的能力，具有成功者的信念，以"别人能做到，我就能做得更好"的信念对待自己的人生，那么，你的明天将会更加灿烂辉煌。

信念是人生的太阳，是一个人前进的内在动力。信念是一种强大的精神力量，能够托起人生的无限希望。

对一个有志者来说，信念是立身的法宝，是理想意志的融合；信念是事业成功的阶梯，是战胜艰难的力量。信念是人的精神所在，没有信念的人，是精神上的软骨者。对于青少年来说，树立坚定的人生信念，树立热爱生活、追求事业的伟大信念，是十分必要的。

让生命放射出夺目的光辉，信念就是第一道光焰。本书针对广大青少年讲述了该如何树立坚定的信念，引导青少年度过有意义的人生。

目　录
Contents

3

信念决定生命的高度

信念是人们在一定的认识基础上确立的，对某种理论主张或思想见解坚信无疑，并积极地去实践的一种精神状态。信念强调的是情感上对目标的渴望和去实现目标的意志的坚定性。当我们的生命有了某种信念的时候，我们的生命便有了高度。

信念让我们无所畏惧

你对自己的信念相信到何种程度？你对自己的事业有多大的信心？你会犹豫不决、行为方式摇摆不定吗？你能坚定地去干自己认为正确的事吗？你对自己的事业很有信心，并能够不顾任何人和事的阻碍而建立它吗？如果你不信仰一些东西，你将一事无成！

齐瓦勃出生在美国的一个偏僻小乡村，没受过什么教育。15 岁那年，他流浪到了一个山村做了马夫。然而，齐瓦勃雄心勃勃，满怀成功的信念，无时无刻不在寻找着新的机遇。

3 年后，齐瓦勃来到了钢铁大王卡内基属下的一个建筑工地打工。一踏进建筑工地，齐瓦勃就下定了决心，要做同事中最优秀的人。当其他工人在抱怨工作辛苦、薪水太低而拖拖拉拉或者开小差时，齐瓦勃却一边默默地积累着工作经验，一边自学建筑知识。

一天晚上，同伴们都在闲聊，唯独齐瓦勃躲在角落里看书。恰巧公司经理到工地检查工作，经理看了看齐瓦勃手中的书，又翻了翻他的笔记本，什么也没说就走了。第二天，经理把齐瓦勃叫到办公室，厉声问道：

"你学那些东西干什么？"

　　"我想我们公司并不缺少打工者，缺少的是既有工作经验又有专业知识的技术人员或管理人员，对吗？"齐瓦勃毫无惧色地回答。经理点了点头，不由得仔细打量起眼前这个貌不惊人的年轻人。不久，齐瓦勃就升为技师。工友中有人讽刺挖苦齐瓦勃，他回答说："我不光是在为老板打工，更不单纯为了赚钱，我是在为自己的梦想打工，为自己的远大前途打工。我只能在业绩中提升自己。我要使自己工作所产生的价值，远远超过所得的薪水，只有这样我才能得到重用，才能得到机遇。"

　　带着这样的信念，齐瓦勃一步步地升到了总工程师的职位上。25 岁那年，齐瓦勃做了这家钢铁公司的总经理，承担起建设公司最大的布拉德钢铁厂的重任。凭着非凡的努力，齐瓦勃于两年后成了这家工厂的厂长，并逐渐成为卡内基钢铁公司的灵魂人物。几年之后，他被卡内基任命为钢铁公司的董事长。

　　在齐瓦勃担任董事长的第 7 年，当时控制着美国铁路命脉的大财阀摩根，提出与卡内基联合经营钢铁。开始，卡内基没理会。于是摩根放出风声，说如果卡内基拒绝，他就找当时居美国钢铁业第二位的贝斯列赫母钢铁公司联合。这下卡内基慌了，他知道如果贝斯列赫母与摩根联合，就会对自己的发展构成威胁。

　　一天，卡内基递给齐瓦勃一份清单说："按上面的条件，你去与摩根谈联合的事宜。"齐瓦勃接过来看了看，对摩根和贝列斯赫母公司的情况了如指掌的他微笑着对卡内基说：

　　"你有最后的决定权，但我想告诉你，按这些条件去谈，摩根肯定乐于接受，但你将损失一大笔钱。看来你对这件事没有我调查得详细。"经过分析，卡内基承认自己过高地估计了摩根。卡内基全权委托齐瓦勃与摩根谈判，取得了对卡内基有绝对优势的联合条件。摩根感到自己吃了亏，就对齐瓦勃说："既然这样，那就请卡内基明天到我的办公室来签字吧。"

　　齐瓦勃第二天一早就来到了摩根的办公室，向他转达了卡内基的话："从 51 号街到华尔街的距离，与从华尔街到 51 号街的距离是一样的。"摩根沉吟了半晌说："那我过去好了！"摩根从未屈就到过别人的办公室，但这次他遇到的是全身心投入的齐瓦勃，所以只好低下自己高傲的头颅。

　　后来，齐瓦勃终于自己建立了大型的伯利恒钢铁公司，并创下了非凡业绩。因为这份信念，使他真正完成了从一个打工者到创业者的飞跃。

信念是一种无坚不摧的力量，当你坚信自己能成功时，你必能成功。

小泽征尔是世界著名的交响乐指挥家。在一次世界指挥家大赛的决赛中，他按照评委会给的乐谱指挥演奏，敏锐地发现了不和谐的声音。起初，他以为是乐队演奏出了错误，就停下来重新演奏，但还是不对。他觉得是乐谱有问题。这时，在场的作曲家和评委会的权威人士坚持说乐谱绝对没有问题，是他错了。

面对一大批音乐大师和权威人士，他思考再三，最后斩钉截铁地大声说："不！一定是乐谱错了！"话音刚落，评委席上的评委们立即站起来，报以热烈的掌声，祝贺他大赛夺魁。原来，这是评委们精心设计的"圈套"，以此来检验指挥家在发现乐谱错误并遭到权威人士"否定"的情况下，能否坚持自己的正确主张。因为，只有具备这种素质的人，才真正称得上是世界一流音乐指挥家。在三名选手中，只有小泽征尔相信自己而不附和权威们的意见，从而获得了这次世界音乐指挥家大赛的桂冠。

信念感悟

安东尼·罗宾斯曾说过："人生就注定于你作选择的那一时刻。"

也许一时的选择会让你胜利或失利，但不要气馁，坚信自己的选择。当你的决定跟信念相一致的，你就很可能会接受后果并为其承担责任。你也更有可能正确地预见和处理行为的结果。你的正直表明你有发展自己信念的智慧以及按照信念行动的力量。这样，不管别人怎么想你就都会心平气和了。毕竟，世上没有只为受批评建立的雕像。

信念支撑坚定的意志

研究表明，儿童对母亲的依赖性很强，一个家庭，母亲是重要的一员，当母亲的信念坚定执著，这个家庭的孩子会很有出息。母亲是孩子的第一

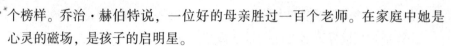

个榜样。乔治·赫伯特说，一位好的母亲胜过一百个老师。在家庭中她是心灵的磁场，是孩子的启明星。

当罗丝·费茨杰拉尔德·肯尼迪决定去上圣心女隐修的时候，已年满18岁。修女们向学生传授的首要信念是"机敏、勇敢并且愿意愉快地、得体地服从另一个人的意志"。这是罗丝·肯尼迪学到的训诲，这个训诲陪伴她度过了终生。

罗丝·肯尼迪生于1890年，其父是波士顿市市长，名叫约翰·费茨杰拉尔德。她首次在社交界露面是出席一个有400人参加的社交活动，来宾中包括马萨诸塞州州长。自此以后，上门求婚者纷至沓来。可是，据《肯尼迪家族》一书的作者戴维·霍洛维茨和彼得·柯利尔说，在众多大献殷勤的男子中，她唯独对乔·肯尼迪情有独钟。尽管她父母认为肯尼迪与她家门不当户不对，但是罗丝还是与肯尼迪开始交往。

肯尼迪十分虔诚地追求罗丝。在参加一场舞会时，他竟然在她的舞卡里写满了他编造的名字，为的是能与罗丝共度美妙时光。1914年，肯尼迪送给罗丝一只精致的两克拉重的钻戒。罗丝后来回忆说："我认为他没有真正向我求过婚。他的行动是在问'我们何时结婚'而不是'你愿意嫁给我吗？'"乔·肯尼迪不是一个完美的丈夫，他经常在外面忙自己的事务，他感到愉快的时光不是与妻子在一起，而是与其他人作伴。

但是，罗丝·肯尼迪并没有公开承认过肯尼迪有何不忠行为，也没有在公开场合发过脾气。1969年肯尼迪去世后，她对吉布森说："我与他坠入爱河时才17岁，从那以后我再也没有出来过。他真的棒极了。为什么？因为他能使你的生活丰富多彩。"

罗丝·肯尼迪的一生交织着幸福与不幸。在她的后半生，悲剧接二连三地向她袭来。她的大儿子小约瑟夫·特里克·肯尼迪在第二次世界大战中阵亡。大女儿罗丝玛丽生下来就是弱智，一直住在精神病院。次女凯瑟琳·肯尼迪·卡文迪什在阿尔卑斯山的飞机失事中遇难。两个儿子——约翰和罗伯特正欲报效祖国时先后被暗杀。

20世纪70年代末期，当她的小儿子爱德华·肯尼迪竞选参议院时，罗丝·肯尼迪为儿子做竞选游说。在波士顿，她向选民诉说当年她怀爱德华时所受到的责备。她说："他们告诫我再生育会使我的身材变形，在随后的几年内会让我受到束缚。但是，如果我没有生下第9个孩子，我现在就没有儿子了。"

罗丝·肯尼迪多年来独自一人忍受着丧子的痛苦，但是她依然坚持自己的强烈的信念，并从几乎每日一次的游泳中寻得宽慰。虽然有时候，她的悲痛也会不经意地流露出来。

进入晚年后，罗丝·肯尼迪的身体日渐衰弱，她那瘦小的身躯（身高不足1.5米，体重不足46公斤）更使她的衰老日益明显。1984年，在经历了一次中风后，她不得不坐上轮椅。到1986年，她的身体已经极度虚弱，以致无法出席孙女——约翰·肯尼迪之女卡罗琳·肯尼迪的婚礼。但是，那些热爱她的人说她是他们的慰藉所在。参议员爱德华·肯尼迪说："由于年事渐高，有时会感到力不从心，但是只要与母亲在一起，情况就大不相同。我们大家依然从她那儿汲取巨大的力量。"

到罗丝·肯尼迪100岁生日时，她已参加过5位亲人的葬礼。然而，她的孙子——罗伯特·肯尼迪的儿子、国会众议员乔·肯尼迪说："在她面前，你依然能感觉到她那坚定的意志。"

也许是她受到当年成长时的环境的影响，这位坚强的女性更喜欢把角色让与她生活中的男人们。那么，对于她自己的生活她有什么评价呢？吉布森和罗丝·肯尼迪在一起时，家里的厨师说："肯尼迪夫人，您一生中拥有了所有最美好的东西，对不对？"她回答说："我拥有了最美好的东西，可是我也拥有了最不幸的一切。"

罗丝·肯尼迪的坚定意志和良好的品德就像是一面信念的旗帜引导着自己的孩子，他们在母亲的身上可以感受那坚定的力量。

 信念感悟

对于罗丝·肯尼迪来说，丧子的痛苦并不能取代她培养第九个儿子的信念，即使最不幸的一切都降临在她的身上，但她依然以坚定的信念支持着自己。

成功是一个一个目标的实现

在任何年代，任何国家，社会结构都接近一个金字塔状。大量的人处在金字塔的底部，只有一小部分人处在金字塔的顶部。处在底层的人们每天辛辛苦苦地工作，但却只能勉强维持自己的生活。而处在塔顶的人则是蒸蒸日上，发展前途不可限量。大量的人只能做普通的工作，有普通的收入，少数人在高层决断，享受财富。然而人们往往忘记了，这些身处顶端的人，曾经也处在底部，他们一步一步地攀上了金字塔的顶部。

为什么偏偏是他们达到了众人瞩目的高度呢？

而今全球最大的传媒帝国是默多克的新闻集团。他是如何创造如此高的属于自己的金字塔呢？

1952年，默多克的父亲因病去世了，未满22岁的默多克接手了父亲的报业集团。

经过思考、转让、合并，默多克保住父亲的两份报纸。他担任了《新闻报》和《星期日邮报》的出版人，兼并了《星期日时报》。而后他收购了《镜报》，默多克决心以英国的《每日镜报》为榜样，办好这个报纸。

《镜报》的地位刚刚巩固下来后，默多克又不停顿地扑向新的目标，他想创办一份全国性的报纸。这是默多克一直以来的愿望。而创办一份成功的全国性报纸，在大多数办报人心目中只不过是一场梦。但默多克决心使梦想成真。他断定，一份严肃的全国性报纸一定会获得成功，它将会是《纽约时报》和《华尔街日报》的一种混合体。经过不懈努力，《澳大利亚人报》诞生了。

许多人称《澳大利亚人报》是默多克的另一面。因为这张刊载金融和政治事务的正儿八经的日报，同那些通俗的大众化小报形成了截然不同的两个极端。事实上这张报纸相当赔钱。为了荣誉，默多克一直坚持下去。直到15年之后，《澳大利亚人报》才开始盈利。

1968年，新婚不久的默多克登上了英伦三岛。一到英国，默多克自然就想到了那份著名的报纸——《每日镜报》，可是时机还不成熟，他转而把眼光瞄向了《世界新闻报》，经过一番周折，他掌握了这份报纸的主要股份。

默多克的报纸为迎合读者口味，常采用耸人听闻的报道，这一点越来越受到一些人的批评。但默多克坚持强调，他只为公众提供他们喜闻乐见的东西。他的报纸销量猛增而竞争对手一落千丈的事实，证明他的策略行之有效。

20 世纪 70 年代，经过长达近一年的准备，默多克战胜了强劲的对手，购得了《太阳报》这份日报。而《太阳报》从此以裸体女郎、过激言论、体育报道作为自己的招牌，一年之内，发行量就从 80 万份猛增至 200 万份。80 年代末期，这份报纸超过《每日镜报》，成为英国最畅销的日报之一，成为默多克的"摇钱树"！

这次成功，使默多克成为了"百年不见的风云人物"。

默多克的行事作风与成就，很难让伦敦那些高傲而保守的人满意，有人诽谤他是个"澳洲乡下人"、"肮脏的掘地佬"……为此他十分恼火，因为，在他看来，英国人傲慢、爱摆架子，而伦敦的《泰晤士报》就集中体现了这点。但它的历史悠久，虽然不赚钱，却有着极高的地位和影响。

自从 20 世纪 70 年代以来，《泰晤士报》遇到严重的经济危机，在这种处境艰难的时刻，默多克乘虚而入，成功收购。最终结束了报纸从不赚钱的历史。

到了 20 世纪 80 年代末期，默多克占有全英报纸发行量的 35%，成为英国报业的执牛耳之人。

默多克永远不会停止自己的脚步。人们期盼着默多克的下个行动，他扩张的下个对象是谁？

直到今天，默多克依然停不下他扩张的步伐。当别人以为他完成电影会停下来时，他又涉足了卫星电视领域、图书出版领域。默多克的成功并不是一步登天的，即使他从一开始就有宽裕的环境，但他今天的成就是靠他一个一个目标实现，最后积累下来的。

 信念感悟

> 按部就班做下去是实现任何目标唯一的聪明做法。我们无法一下子成功，只能一步一步走向成功。

你认为你行，你就行

如果你不满意自己现在所处的环境，想力求改变，则首先应该改变自己，即"如果你是对的则你的世界也是对的"。假如你有积极的心态，你四周所有的问题就会迎刃而解。

艾文班·库柏是美国最受尊敬的法官之一，但他小时候却是个懦弱的孩子。库柏在密苏里州圣约瑟夫城一个准贫民窟里长大，他的父亲是一个移民，以裁缝为生，收入微薄。为了取暖，库柏常常拿着一个煤桶，到附近的铁路去拾煤块。库柏为必须这样做而感到困窘。他常常从后街溜出溜进，以免被放学的孩子们看见。

但是那些孩子时常看见他，特别是有一伙孩子常埋伏在库柏从铁路回家的路上袭击他，以此取乐。他们常把他的煤渣撒在街上，使他回家时一直流着眼泪。这样，库柏总是生活在或多或少的恐惧和自卑的状态之中。

后来，库柏因为读了一本书，内心受到了鼓舞，从而在生活中采取了积极的行动。这本书是荷拉修阿尔杰著的《罗伯特的奋斗》。在这本书里，库柏读到了一个像他那样的少年的奋斗故事。

那名少年遭遇了巨大的不幸，但是他以勇气和道德的力量战胜了这些不幸。库柏也希望具有这种勇气和力量。这个孩子读了他所能借到的每一本荷拉修的书。当他读书的时候，他就进入了主人公的角色。整个冬天他都坐在寒冷的厨房里阅读勇敢和成功的故事，不知不觉地吸取了积极的心态。

在库柏读了第一本荷拉修的书之后几个月，他又到铁路上去拣煤。隔开一段距离，他看见三个人影在一栋房子的后面飞奔。他最初的想法是转身就跑。但很快他记起了他所钦羡的书中主人公的勇敢精神，于是他把煤桶握得更紧，一直向前大步走去，犹如他是荷拉修书中的一个英雄。这是一场恶战，三个男孩一起冲向库柏。

库柏丢开铁桶，勇敢地挥动双臂，进行抵抗，使得这三个恃强凌弱的孩子大吃一惊。库柏的右手猛地打到一个孩子的嘴唇和鼻子上，左手猛击到这个孩子的胃部。这个孩子便停止打架，转身逃跑了，这也使库柏大吃一惊。同时，另外两个孩子正在对他进行拳打脚踢。

库柏设法推走了一个孩子，把另一个打倒，用膝部猛击他，而且发疯似的揍他的腹部和下巴。现在只剩一个了，他是孩子头，已经跳到库柏的身上，库柏用力把他推到一边，站起身来。大约有一秒钟，两个人就这么面对面站着，狠狠瞪着对方，互不相让。

后来，这个小头头一点一点地退后，然后拔腿就跑。库柏也许出于一时气愤，又拾起一块煤炭朝他扔了过去。库柏这时才发现鼻子挂了彩，身上也青一块、紫一块。这一仗打得真好！这是他一生中重要的一天，那一天他已经克服了恐惧。

库柏并不比去年强壮多少，那些坏蛋的凶悍也没有收敛多少，不同的是他的心态已经有了改变。他已经学会克服恐惧、不怕危险，再也不受坏蛋欺负。从那时开始，他决心要自己来改变自己的环境，而他果然做到了。

 **信念感悟**

> 阅读积极心态的书籍，使库柏战胜了懦弱，战胜了恐惧，最终成为全美最受尊敬的法官之一。

信念让我们坚守

高尚的思想是最大的财富

凡是伟大的人物从来都不承认生活是不可改造的。他也许会对他当时所处的环境不满意，不过他的不满意不但不会使他抱怨和不快乐，反而使他充满一股热忱想闯出一番事业来。

拿破仑的父亲是一个极高傲但却穷困的科西嘉贵族。父亲把拿破仑送进了一个在布列讷的贵族学校，在这里与他往来的都是一些在他面前极力夸耀自己富有而讥讽他穷苦的同学。这种一致讥讽他的行为，虽然引起了他的愤怒，但他却只能一筹莫展，屈服在威势之下。

后来实在受不住了，拿破仑写信给父亲，说道："为了忍受这些外国孩

子的嘲笑，我实在疲于解释我的贫困了。他们唯一高于我的便是金钱，至于说到高尚的思想，他们是远在我之下的。难道我应当在这些富有高傲的人之下谦卑下去吗？"

"我们没有钱，但是你必须在那里读书。"这是他父亲的回答，因此使他忍受了 5 年的痛苦。但是每一种嘲笑，每一种欺侮，每一种轻视的态度，都使他增加了决心，发誓要做给他们看看，他确实是高于他们的。他是如何做的呢？这当然不是一件容易的事，他一点也不空口自夸，他只心里暗暗计划，决定利用这些没有头脑却傲慢的人作为桥梁，去使自己得到技能、金钱、名誉和地位。

等他到了部队后，拿破仑看见他的同伴正在用多余的时间赌博和追求女人。他那不受人喜欢的体格使他决定改变方针，用埋头读书的方法，去努力和他们竞争。读书是和呼吸一样自由的。因为他可以不花钱在图书馆里借书读，这使他得到了很大的收获。他并不是读没有意义的书，也不是专以读书来消遣自己的烦恼，而是为自己理想的将来做准备。他下定决心要让全天下的人知道自己的才华。

因此，在他选择图书时，也就是以这种决心为选择的范围。他住在一个既小又闷的房间内。在这里，他面无血色，孤寂，沉闷，但是他却不停地读下去。他想象自己是一个总司令，将科西嘉岛的地图画出来，地图上清楚地指出哪些地方应当布置防范，这是用数学的方法精确地计算出来的。因此，他的数学能力获得了提高，这使他第一次有机会表示他能做什么。

拿破仑的长官看见他的学问很好，便派他在操练场上执行一些工作，这是需要极复杂的计算能力的。他的工作做得极好，于是他又获得了新的机会，拿破仑开始走上权势的道路。

这时，一切的情况都改变了。从前嘲笑他的人，现在都涌到他面前来，想分享一点他得到的奖励金；从前轻视他的人，现在都希望成为他的朋友；从前揶揄他是一个矮小、无用、死用功的人，现在也都改为尊重他。他们都变成了他的忠心拥戴者。

难道这是天才所造成的奇异改变的吗？抑或是因为他不停地工作而得到的成功呢？他确实是聪明，他也确实是肯下工夫，不过还有一种力量比知识或苦工来得更为重要，那就是他那种想超过戏弄他的人的野心。

假使他那些同学没有嘲笑他的贫困，假使他的父亲允许他退学，他的感觉就不会那么难堪。他之所以成为这么伟大的人物，完全是由他的一切不幸造成的。他在不幸中学到了坚定信念，坚持到底就是胜利的秘诀，他的心中有了目标，才让他一路从嘲笑中走向成功。

信念感悟

如果你想成功，就必须拥有坚定的信念，信念就是一个人想要做任何事情的未来。信念不是简单的坚持，它包括方向和动力。如果你的意志方向没有把握好，那很可能就会把你带入自卑的低谷，而如果你的方向是高尚崇高的，那行为结果很可能造就出一代伟人。

目标是一切行动的动力

"如果能够重新再来一次，我将做……""如果我再年轻几年，就能做更多的事……"相信，你我的生活中一定时而发出这样的感叹，只因为悔不当初，没有想清楚，没有完善的计划……所以我们因此而错过了许多人生的乐趣，如果在行动之前就先树立"我想、我要、我能……"的目标，相信在未来的生命里，就不会有这么多的遗憾了。

我们每个人都要趁自己年轻的时候，利用一切工作机会来完善自己，提高自己。如果一个人对自己所负责的任何工作，事无巨细都能够尽力而为，能做到问心无愧，并时刻想着怎样更多而不是更少地回报自己的老板，那么偏低的薪水绝不会持续很长时间，因为他很快将会得到提升。

出色的工作表现会说话。而劣质的工作、不熟的工作、漫不经心的工作，即使有很高的薪水，也会迅速地毁掉你。真正能够让你获得成功的方法，不是看你能为自己的薪水付出多少。你应该让你的老板看到你的贡献与报酬之间的失衡，要让他为自己所给予的微薄的薪水感到惭愧。即使你的老板意识不到，你的表现也会引起其他雇主的注意。

一个纽约的百万富翁说，当年，他在一家纺织品公司的薪水最初只有每周 7 美元 50 美分，后来一下子就涨到了每年 1 万美元。而这之间竟然没有任何的过渡，没过多久，他还成为这家纺织品公司的合伙人。

刚进入公司的时候，他和公司签订了5年的工作合约，约定这5年内薪水保持不变。但他暗下决心：绝不满足于这每周7美元50美分的低微薪水，决不能就此不思进取。他一定要让老板们知道，他绝不比公司中的任何一个人逊色，他是最优秀的人。

他工作的质量，很快引起了周围人的注意。3年之后，他已经游刃有余，以至于另一家公司愿意以3000美元的年薪，聘用他为海外采购员。但他并没有向老板们提及此事，在5年的期限结束之前，他甚至从未向他们暗示过要终止工作协定，尽管那只是一个口头的约定。也许有很多人会说，不接受如此优厚的条件，他实在是太愚蠢了。

但是，在5年的合同到期之后，他所在的公司给予了他每年1万美元的高薪，后来他还成为了该公司的合伙人。老板们都很清楚，这5年来他所付出的劳动，要数倍于他所领的薪水，理所当然，他成为一个获利者。

假如他当时对自己说："每周7美元50美分，他们只给我这么多而我也就只拿这么多好了，既然我只领着每周7美元50美分，那么我何必去考虑每周50美元的业绩呢！"如果那样，你说结局会怎样？

如果一个人的工作目的仅是为了工资的话，那么，可以肯定，他注定是一个平庸的人，也无法走出平庸的生活模式。

成功到底是什么？说得具体点就是"目标"。许多人认为，"目标"只是不同阶段的"终点"，它并不具有更深层的意义。但其实，"目标"是一切行动的"动力"，更是决定成功的关键。

 **信念感悟**

　　"目标"是一切行动的"动力"，更是决定成功的关键。实践目标时只要记住"目标就在你的前方"，定能突破万难，美梦成真！

信念是人生的太阳

有人说，信念是人生的太阳，是前进的动力。信念的力量在于即使身处逆境，亦能帮助你扬起前进的风帆；信念的伟大在于即使遭遇不幸，亦能召唤你鼓起生活的勇气。

1955年，18岁的吉尔·金蒙特已是全美最有名气的年轻滑雪运动员了，她的照片曾被用作《体育画报》杂志的封面。她当时的生活目标就是获得奥运会金牌。

然而，一场悲剧使她的愿望成了泡影。1955年1月，在冬奥会预选赛最后一轮比赛中，金蒙特沿着大雪覆盖的罗斯特利山坡开始下滑，由于当天的雪道特别滑，没过几秒钟，她的身子一歪失去了控制。她竭力挣扎着想摆正姿势，可是一个个接连不断的筋斗还是无情地把她推下了山坡。当她终于停下来的时候，已经昏迷了过去。人们立即把她送往医院抢救，虽然最终保住了性命，但她双肩以下的身体却永久性瘫痪了。

金蒙特获得奥运会金牌的理想彻底破灭了，但她面对困厄的斗志却没有因此被磨灭。几年内，她整日和医院、手术室、理疗和轮椅打交道，病情时好时坏，但她从未放弃过对生活的不断追求：去从事一项有益于公众的事业，来完成未竟的理想。这是她在意外发生之后的梦。

历尽艰难，她学会了写字、打字、操纵轮椅、用特制汤匙进食。她在加州大学洛杉矶分校选听了几门课程，希望今后能当一名教师。当她向教育学院提出申请，系主任、学校顾问和保健医生都认为这是天方夜谭，因为她无法上下楼梯走到教室。

1963年，她终于被华盛顿大学教育学院聘用。由于教学有方，很快受到了学生们的尊敬和爱戴。金蒙特终于获得了教授阅读课的聘任书。

后来由于她父亲去世了，全家不得不搬到曾拒绝她当教师的加利福尼亚州去。金蒙特决定向洛杉矶地区的90个教学区逐一申请。在申请到第18所学校时，已有3所学校表示愿意聘用她。聘请她的学校特意对她要经过的一些坡道进行了改造，以便于她的轮椅通行。另外，学校还取消了教师一定要站着授课的规定。

自1955年到现在，很多年过去了，金蒙特从未得过奥运会的金牌，但她却得到了另一块金牌——学校为了表彰她的教学成绩而授予她的。

 信念感悟

> 　　信念是人的生命支柱，面对人生旅途中的挫折与磨难，我们需要清醒的头脑，更需要有坚定的信念。坚定信念，使我们无论是处在事业的顺境还是事业的逆境、是人生波谷还是人生波峰，都脚踏实地地走好每一步，向着自己的目标迈进。
>
> 　　人生的轨迹不是预定的，但无论是处于高峰还是低谷，坚定的信念永远都是一股巨大的动力，它可以推动你去做别人认为你不可能做到的事情，这就是信念的力量！

学会坚持到底

　　不懂得在逆境中坚持，正是很多人失败的根源。虽然成功需要天赋和才能，但如果没有坚持到底的信念，那么，所拥有的才能又会发挥多少作用呢？

　　西方谚语说："成功者都是咬紧牙关让死神害怕的人。"所以，我们要咬紧牙关，别松口。如果连死神都害怕，那么失败和挫折就不算什么了。

　　美国著名电台广播员莎莉·拉斐尔在她30年职业生涯中，曾经被辞退18次，可是她每次都放眼最高处，确立更远大的目标。最初由于美国大部分的无线电台认为女性不能吸引观众，没有一家电台愿意雇用她。她好不容易在纽约的一家电台谋求到一份差事，不久又遭辞退，说她跟不上时代。

　　莎莉并没有因此而灰心丧气。她总结了失败的教训之后，又向国家广播公司电台推销她的清谈节目构想。电台勉强答应了，但提出要她先在政治台主持节目。

　　"我对政治所知不多，恐怕很难成功。"她一度犹豫，但坚定的信念促使她大胆去尝试。她对广播早已轻车熟路了，于是她利用自己的长处和平易近人的作风，大谈即将到来的7月4日美国国庆节对她自己有何种意义，还请观众打电话来畅谈他们的感受。听众立刻对这个节目产生兴趣，她也因此而一举成名了。

如今，莎莉·拉斐尔已经成为自办电视节目的主持人，还曾两度获得重要的主持人奖项。她说："我被辞退18次，本来会被这些厄运吓退，做不成我想做的事情。结果相反，我让它们鞭策我勇往直前。"

很多人告诉自己："我已经尝试过了，不幸的是我失败了。"其实他们并没有搞清楚失败的真正含义。

"失败了再爬起来"，看起来是一句鼓舞失败者最好的话，但是要真正实现起来，需要的是自我鼓励的品质和勇气。

信念感悟

人一生中不会总是一帆风顺，难免会遭受挫折和不幸。但是成功者和失败者的区别就是，失败者总是把挫折当成失败，因此每次挫折都能够深深打击他追求胜利的勇气；成功者则是从不言败，在一次又一次挫折面前，总是对自己说："我不是失败了，而是还没有成功。"

逆境的改变往往产生于再坚持一下的努力之中。生活中，我们常常会遇到困难，只要咬紧牙关，相信困难终会过去，一切都会好起来。

坚信自己的创新意念

威尔伯·莱特和奥维尔·莱特，科学史上称他们为"莱特兄弟"，是美国的飞机发明家。

莱特兄弟出生于美国俄亥俄州的达顿市一位牧师家庭。一次，他们从做木工的爷爷那儿拿了些碎木块当积木玩。这时，妈妈来了。"啊，妈妈，这积木怎么摆啊？您快教我们……"

妈妈没有伸手，她温和地说："是啊，怎么摆好呢？自己想想看。要是好好动脑筋，你们能摆出了不起的样式呢。"说着，就在一旁看孩子们怎么摆法。一会儿，兄弟俩叫了起来："成了，妈妈您看，我垒得多高哇！……

我垒的这个才是漂亮的房子呢!"

妈妈看着兄弟俩的成绩,鼓励地说:"两个人垒得都很好。这回你们俩合在一起,想出更好的样子。"

一次,他们扛着自己制作的爬犁到铺满厚厚积雪的山冈上参加爬犁比赛。大家都嘲笑他们制作的爬犁样子古怪。别人都是坐着滑行,而这两兄弟则是趴在爬犁上。"预备,开始!"口令一发,几个爬犁一齐从山冈上滑下来。莱特兄弟的爬犁由于体积轻、阻力小,很快冲在最前面,第一个到达终点。

1878年,威尔伯11岁,奥维尔7岁。他们的父亲从外地给他俩带来了一件礼物——一只名叫"飞螺旋"的玩具。这个奇形怪状东西的顶部有一副螺旋桨,中间挂着橡皮筋。转紧橡皮筋,带动螺旋桨转动,飞螺旋就会飞起来。这件玩具使莱特兄弟入了迷。"为什么飞螺旋能飞起来呢?""把它放大了,我们人坐上去能飞起来吗?"他们的小脑袋里,浮现出许多新奇的想法。他们真想长大以后做架大飞机,飞上天空。可是,那时的人们认为,人是没办法飞上天空的。

1883年,莱特家搬到了里奇蒙城。这里的孩子喜欢放风筝,莱特兄弟不久也成了风筝迷。他们的风筝越做越好。每次和小朋友比赛,兄弟俩的风筝总是比别人的风筝飞得高。小朋友们非常羡慕,请莱特兄弟制作风筝卖给他们。兄弟俩一下子成了"小专家"。

莱特兄弟常常躺在草地上,看着天上翱翔的老鹰。他们真羡慕老鹰,它们多么自由、惬意呀!如果人类也能长上翅膀,在蓝天中自由地飞翔,那多幸福!

当时,连他们自己也没有想到,人类的千年梦想,将会在他们手中变为现实。

信念感悟

> 无论在什么样的环境下,我们的头脑中都会不停地闪现出许多想法和念头,如果我们能好好运用这些想法,认真思索一下其内容,有些奇思妙想说不定也能帮助我们化解困难,成为一条条走出逆境的成功计策。只要有把"不可能"变成"可能"的信心和想法,就能让梦想成真。

世上没有你做不成的

马尔比·D. 马布科克说："最常见同时也是代价最高昂的一个错误，是认为成功有赖于某种天才，某种魔力，某些我们不具备的东西。"可见成功的要素其实掌握在我们自己的手中。成功是积极心态促使下的结果，一个人能飞多高，并非由人的其他因素决定，而是由他自己的心态所制约。

美国著名的成功学大师拿破仑·希尔年轻的时候，抱着一颗当作家的雄心。要达到这个目标，他知道自己必须精于遣词造句，字词将是他的工具。但由于他小时候家里很穷，所接受的教育并不完整，因此，"善意的朋友"就告诉他，说他的雄心是"不可能"实现的。年轻的希尔存钱买了一本最好的、最完全的、最漂亮的字典，他所需要的字都在这本字典里面，当时他的首要目标是完全了解和掌握这些字。但是他做了一件奇特的事：他找到"不可能（impossible）"这个词，用小剪刀把它剪下来，然后丢掉，于是他有了一本没有"不可能"的字典。以后他把他整个的事业建立在这个前提上——那就是对一个要成长而且要成长得超过别人的人来说，没有任何事情是不可能的。

要从心中把"不可能"这个观念铲除掉。谈话中不提它，想法中排除它，态度中去掉它，抛弃它，不再为它提供理由，不再为它寻找借口，把这个字和这个观念永远地抛弃，而用光辉灿烂的"可能"来替代它。

汤姆·邓普西生下来的时候，只有半只脚和一只畸形的右手。他的父母从来不让他因为自己的残疾而感到不安。这使他相信任何男孩能做的事他也能做，如果童子军团行军 10 里，汤姆也同样走完 10 里。

后来他要踢橄榄球，他发现，他能把球踢得比任何在一起玩的男孩子远。他请人为他专门设计一只鞋子，参加了踢球测验，并且得到了冲锋队的一份台约。但是教练却尽量婉转地告诉他，说他"不具有做职业橄榄球员的条件"，促请他去试试其他的事业。最后他申请加入新奥尔良圣徒球队，并且请求教练给他一次机会。教练虽然心存怀疑，但是看到这个男孩这么自信，对他有了好感，因此就收了他。

两个星期之后教练对他的好感更深，因为他在一次友谊赛中踢出 55 码

远得分。这种情形使他获得了为圣徒队踢球的工作，而且在那一季中为他的球队获得了99分。在最伟大的时刻，球场上坐了6万6千名球迷，球是在28码线上，比赛只剩下了几秒钟，球队把球推进到45码线上，但是根本就可以说没有时间了。"邓普西进场踢球。"教练大声说。

当汤姆进场的时候，他知道球队距离得分线有55码远，由巴第摩尔雄马队毕特·瑞奇踢出来的。邓普西一脚全力踢在球身上，球笔直地前进。但是踢得够远吗？6万6千名球迷屏住气观看，接着终端得分线上的裁判举起了双手，表示得了3分，球在球门根竿之上几英寸的地方越过，汤姆一队以19比17获胜。球迷狂呼乱叫着为踢得最远的一球而兴奋，这是只有半只脚和一只畸形的手的球员踢出来的！

"真是难以相信。"有人大声叫，但是邓普西只是微笑。他想起他的父母，他们一直告诉他的是他能做什么而不是他不能做什么。他之所以创造出这么了不起的记录，正如他自己说的："他们从来没有告诉我我有什么不能做的。"

精神极度沮丧的时候，保持理智和乐观是很难的，但就是这样，才能真正显示我们究竟是怎样的人。什么时候最能显示一个人的真实才干呢？就是当他事事不顺遭人鄙弃，而仍能坚持的时候！

 信念感悟

> 永远也不要消极地认定什么事情是不可能的，首先你要认为你能，并去尝试、再尝试，最后你就发现你确实能。

信念决定事业的高度

当我们心中有了目标时，并满怀实现目标的强烈信念，我们就会不顾一切地去努力奋斗，为实现心中的梦想而拼搏，我们的事业因信念而有高度。

总有一条属于自己的路

也许我们会发现，努力了半天到达的目的地，只是一个"失误"。但只要那是我们自己愿意走的路，就不算白走。一个平凡的上班族迈克·英泰尔在 37 岁那年做了一个疯狂的决定：放弃薪水优厚的记者工作，把身上所有的钱捐给街角的流浪汉，只带了干净的内衣裤，从阳光明媚的加州出发，靠搭便车与陌生人的好心，横越美国。他的目的地是美国东岸北卡罗来纳州的恐怖角。

这是他精神快崩溃时做的一个仓促决定，某个午后他"忽然"哭了，因为他问了自己一个问题：如果有人通知我今天死期到了，我会后悔现在的人生吗？答案竟是那么的肯定。虽然他有好工作、美丽的女友、相互关爱的亲友，但他发现自己这辈子从来没有下过什么赌注，平顺的人生从没有高峰或低谷。他为了自己懦弱的上半生而哭。一念之间，他选择北卡罗来纳州的恐怖角作为最终目的地，借以象征他征服生命中所有恐惧的决心。

他检讨自己，很诚实地为他的"恐惧"开出一张清单：打从小时候他就怕保姆、怕邮差、怕鸟、怕猫、怕蛇、怕蝙蝠、怕黑暗、怕大海、怕飞、怕城市、怕荒野、怕热闹又怕孤独、怕失败又怕成功、怕精神崩溃……他无所不怕，却似乎"英勇"地当了记者。

这个懦弱的 37 岁男人上路前竟还接到奶奶的纸条："你一定会在路上被人杀掉。"但他成功了，4000 多里路，78 顿餐，仰赖 82 个陌生人的好心。

没有接受过任何金钱的馈赠，在雷雨交加中睡在潮湿的睡袋里，也有几个像公路分尸案杀手或抢匪的家伙使他心惊胆战，在游民之家靠打工换取住宿，住过几个破裂家庭，碰到不少患有精神疾病的好心人，他终于来到恐怖角，收到女友寄给他的提款卡。他看见那个包裹时恨不得跳上柜台拥抱邮局职员。他不是为了证明金钱无用，只是用这种正常人会觉得没有"必要"的艰辛旅程来使自己面对所有恐惧。

恐怖角到了，但恐怖角并不恐怖，原来"恐怖角"这个名称，是由一位 16 世纪的探险家取的，本来叫"CapeFaire"，被讹写为"CapeFear"，只是一个失误。

迈克·英泰尔终于明白："这名字的不当，就像我自己的恐惧一样。我现在明白自己一直害怕做错事。我最大的耻辱不是恐惧死亡，而是恐惧生命。"

花了 6 个星期的时间，到了一个和自己想象无关的地方，他得到了什么？

后来他写了一本书，书名叫做《不带钱去旅行》。

信念感悟

> 得到的不是目的，而是过程。虽然苦，虽然绝不会想要再来一次，但在回忆中是甜美的信心之旅，仿如人生。

成功拒绝犹豫不决

约翰·夫斯特说："优柔寡断的人从来不是属于他们自己的，他们属于任何可以控制他们的事物。一件又一件的事总在他犹豫不决时打断了他，就好像小树枝在河边飘浮，被波浪一次次推动，卷入一些小漩涡中。"

一个深夜，装得满满的斯蒂文·惠特尼号轮船在爱尔兰撞上了悬崖，船在悬崖边停留了一会儿。有些乘客迅速地跳到了岩石上，于是他们获救了。而那些迟疑害怕的乘客被打回来的海浪卷走，永远被海浪吞没了。

优柔寡断的人常因犹豫不决缺乏果断而失去成功的可能性。因为生活中的机会往往很不容易到来，而且经常会很快地消失。

当盖乌斯·恺撒来到意大利边境的卢比孔河时，看似神圣而不可侵犯的卢比孔河使他的信心有所动摇。他想到如果没有参议院的批准，任何一名将军都不允许侵略一个国家。但是他的选择只有两种——要么毁灭自己，要么毁灭国家。最后他的坚定信念没有动摇，他说："不要惧怕死亡"，接着带头跳入了卢比孔河。就是因为这一时刻的决定，世界历史随之而改变。

和拿破仑一样，恺撒能在极短的时间里作出重要的抉择，哪怕牺牲一切与之有冲突的计划。恺撒带着他的大军来到大不列颠，那里的人们誓死不投降。敏捷的思维使恺撒明白，他必须使士兵们懂得胜利和死亡的利害关系。为了消除一切撤退的可能，他命令将大不列颠海岸所用的船只全部烧掉，这样也就没有了逃跑的可能性。如果不能取得胜利就意味着死亡。这一举动是这场伟大战争最终取得胜利的关键所在。

获得成功的最有力的办法，是迅速作出该怎么做一件事的决定。而且一旦作出决定，就不要再继续犹豫不决，排除一切干扰因素，以免我们的决定受到影响。有的时候犹豫就意味着失去。实际上，一个人如果总是优柔寡断，犹豫不决，或者总在毫无意义地思考自己的选择，一旦有了新的情况就轻易改变自己的决定，这样的人成就不了任何事！消极的人没有必胜的信念，也不会有人信任他们。自信积极的人就不一样，他们是世界的主宰。

当有人问亚历山大大帝靠什么征服整个世界的时候，他回答说："是坚定不移。"

历史上有影响的人物都是能果断作出重大决策的人。一个人如果总是优柔寡断，在两种观点中游移不定，或者不知道该选择两件事物中的哪一件，这样的人将不能很好地把握自己的命运。他生来就属于别人，只是一颗围着别人转的小卫星。

 信念感悟

　　　果断敏锐的人决不会坐等好的条件，他们会最大限度地利用已有的条件，迅速采取正确的行动。

世上没有一帆风顺

　　我们总有将摆在我们面前的问题看成是自己遇到的最严重问题的习惯，这时我们应该想想这样的判断是否正确。下次遇到了大难题时问问自己："这是不是我所遇到的最棘手的问题？这个难题和我曾遇到的最大难题相比如何？"如果过去的难题更棘手———一般是这样的———那么你定能过此难关。

　　李·艾柯卡曾是美国福特汽车公司的总经理，后来又成为克莱斯勒汽车公司的总经理。作为一个聪明人，他的座右铭是："奋力向前。即使时运不济，也永不绝望，哪怕天崩地裂。"他1985年发表的自传，成为非小说类书籍中有史以来最畅销的书，印数高达150万册。

　　艾柯卡并不只有成功的欢乐，也有挫折的懊丧。他的一生，用他自己的话来说，叫做"苦乐参半"。1946年8月，21岁的艾柯卡到福特汽车公司当了一名见习工程师。但他对和机器作伴的技术工作不感兴趣，他喜欢和人打交道，想搞销售。

　　艾柯卡靠自己的奋斗，由一名普通的推销员，终于当上了福特公司的总经理。但是，1978年7月13日，他被妒火中烧的大老板亨利·福特开除了。当了8年的总经理、在福特工作已32年、事业一帆风顺、从来没有在别的地方工作过的艾柯卡，突然间失业了。昨天他还是英雄，今天却好像成了麻风病患者，人人都远远避开他，过去公司里的所有朋友都抛弃了他，这是他生命中最大的打击。"艰苦的日子一旦来临，除了做个深呼吸，咬紧牙关尽其所能外，实在也别无选择。"艾柯卡是这么说的，最后也是这么做的。他没有倒下去。他接受了一个新的挑战：应聘到濒临破产的克莱斯勒汽车公司出任总经理。

　　艾柯卡，这位在世界第二大汽车公司当了8年总经理的事业上的强者，凭着自己的智慧、胆识和魄力，大刀阔斧地对企业进行了整顿、改革，并向政府求援，舌战国会议员，取得了巨额贷款，重振企业雄风。1983年7月13日，艾柯卡把面额高达8.1348多亿美元的支票，交到银行代表手里。至此，克莱斯勒还清了所有债务。而恰恰是5年前的这一天，亨利·福特开除了他。

如果艾柯卡不是一个坚忍的人，不敢接受新的挑战，在巨大的打击面前一蹶不振、偃旗息鼓，那么他和一个普通的下岗工人就没有什么区别了。正是不屈服挫折和命运的挑战精神，使艾柯卡成为一个世人所敬仰的英雄。

究竟什么能使一个人成功？你可能会说，人生不取决于自己，而是被一些自己不能选择也不能控制的外界力量等因素所影响，而那些成功的人，是因为他们有机会。其实机会不会从天而降，而是以积极的自我意识为核心的信念促使你去争取成功。一个人对逆境的反应是否积极，能表明这个人对抗逆境能力的高低。对实现目标充满信心，就能促使一个人顽强地和逆境抗争。

 **信念感悟**

一个人不可能总是一帆风顺的。在时运不济时永不绝望的人就有希望。

永远不会放弃

很多本来有目标、有理想的人，他们辛勤工作，努力奋斗，用心思考，祈祷自己可以早日成功，但由于困难太多，眼前似乎总是有难以逾越的鸿沟，这使他们越来越倦怠，最后半途而废。其实，失败是一种难得的经历，艰难困苦和人世沧桑是最为严厉而又是最为崇高的老师。在我们遭受挫折、陷入逆境的时候，别忘记对自己说：永远不放弃。

1979 年，英国人汤姆·威塔格在一次交通事故中失去了右脚和膝盖。但是，在 1999 年 5 月 27 日，尼泊尔当地时间早上 7 点，经过 8 个小时精疲力竭的攀登，越过危机四伏的岩石和冰层，威塔格实现了他一生的梦想，登上了世界之巅——珠穆朗玛峰！他成为世界上第一个登上珠峰的残疾人。

珠穆朗玛峰天地相连，时速 161 千米的狂风劲吹，气温能降至零下 96 摄氏度。而对于那些满怀激情的登山者而言，登上珠峰是给予他们的最高奖赏，是他们梦寐以求的目标。

　　攀登珠峰的登山者要面对着常人难以想象的危险：被冰雪冻伤、被太阳灼伤、被雪的反射光刺成雪盲，呼吸寒冷空气造成的剧烈咳嗽；更大的危险就是珠峰的危险：流冰、深不见底的冰缝、残酷的暴风雪等。这些危险让那些冒险者退避三舍，自从 1920 年早期欧洲远征队创下首次登顶记录后，冒着危险登顶的人便从未间断过。而平均每 30 个登山者中，就有一个永远长眠在山上。

　　1979 年的车祸，让威塔格失去了右脚，但这并没有动摇他成为世界级登山者的决心：威塔格 49 岁的时候，在美国亚利桑那州做登山向导训练教练。到底是什么让威塔格借助于假肢也要坚持攀登世界上最令人生畏的高峰呢？威塔格回答说："为什么有人要跑马拉松或打橄榄球？就是要逼自己向一个更高更大的目标前进，而你自己并不知道能不能实现。"

　　1989 年的时候，威塔格第一次攀登珠穆朗玛峰，在他到达 7300 米的高度时，由于一场暴风雪被迫退回大本营。1995 年，他又去了珠峰，这次他到达了 8382 米的高度，但由于他的高山反应强烈，身体已经不能前进。

　　威塔格在第二次登顶失败后对记者说："登山并没有那么难，大多数人都认为两次登珠峰足够了，但有人对我说，三次也不失为明智之举，所以我决定再去试一次，也是最后一次。"

　　威塔格的历史性攀登就像是一部惊险的影片，刚到大本营，时速 161 千米的风暴就摧毁了 2 号和 3 号营地的帐篷和设备。设立此营地是让登山者休息以适应当地的缺氧环境。后来威塔格又掉了队，一种感冒状的病毒使他虚弱得难以前进。过了几天稍微恢复之后，他到了 4 号营地，这里被称做"死亡地带"。此时他的 3 个伙伴安格拉、杰里斯和汤米只登了珠峰的南峰，比最高峰低 374 米，狂风就迫使他们下撤。威塔格此时得了高山肺水肿，不得不从 4 号营地下撤到 2 号营地。基地医生用无线电通知他撤到大本营治疗以保证他的生命安全。

　　经过一番激烈争论，威塔格决定抓住攀登珠峰的最后机会。1999 年 5 月 24 日早晨 6 点，威塔格、杰夫和 4 个舍巴人出发登顶，3 个难熬的日子过后，他和朋友杰夫登上了 8848 米顶峰。

　　这一次，是威塔格第三次冲刺珠峰，也是最后一次，他成功地登上了峰顶。

　　威塔格是怎么想的呢？不久前医生还说，如果他不放弃登山他很可能一命呜呼。他只说了一句话："感谢上帝，我的面前没有高山了。"

事实上，解决问题的特效方法是不存在的，唯一行之有效的途径就是坚持信念。这是培养不放弃、打不败的最后方法。一旦你准备停止努力，接受失败，那么你已经取得的一切成果就会因此而白白浪费，在下一个问题来临的时候，你只能重新来过，并依然会习惯性地选择放弃。

 **信念感悟**

> 其实坚持信念并不是一件很难做到的事情，任何问题都有一把解决的钥匙，就像威塔格面前的那座山，只要坚信自己的信念，去寻找想要的答案，成功就一定可以实现。

现在就是最重要的

从前有个年轻英俊的国王，他既有权势，又很富有，但却为两个问题所困扰。他经常不断地问自己，他一生中最重要的时光是什么时候？他一生中最重要的人是谁？他对全世界的哲学家宣布，凡是能圆满地回答出这两个问题的人，将分享他的财富。哲学家们从世界各个角落赶来了，但他们的答案却没有一个能让国王满意。

这时有人告诉国王说，在很远的山里住着一位非常有智慧的老人，也许老人能帮他找到答案。国王到达那个智慧老人居住的山脚下时，他装扮成了一个农民。

他来到智慧老人住的简陋小屋前，发现老人盘腿坐在地上，正在挖着什么。"听说你是个很有智慧的人，能回答所有问题。"国王说："你能告诉我谁是我生命中最重要的人？何时是最重要的时刻吗？""帮我挖点土豆，"老人说，"把它们拿到河边洗干净。我烧些水，你可以和我一起喝一点汤"。

国王以为这是对他的考验，就照他说的做了。他和老人一起待了几天，希望他的问题能得到解答，但老人却没有回答。

最后，国王对自己和这个人一起浪费了好几天时间感到非常气愤。他拿出自己的国王玉玺，表明了自己的身份，宣布老人是个骗子。

老人说："我们第一天相遇时，我就回答了你的问题，但你没明白我的答案。""你的意思是什么呢？"国王问。"你来的时候我向你表示欢迎，让你住在我家里。"老人接着说，"要知道过去的已经过去，将来的还未来临——你生命中最重要的时刻就是现在，你生命中最重要的人就是现在和你待在一起的人，因为正是他和你分享并体验着生活啊"。

人的一生似乎都在寻寻觅觅。也许到了弥留之际，都找不到自己要找的东西。因为要找的东西可能早已擦肩而过了。

信念感悟

> 一位智者曾说：生，非我所求；死，非我所愿；但生死之间的岁月，却为我所用。所以，当我们仰首感叹如烟的往事时，不如低头照顾一下眼前的炉火，把握现在的光和热。当我们依恋枕边，想重拾昨夜的幻梦时，不如奋袂而起，掌握美好的今天。把握生命中的每一天吧，让它过得光荣、尊贵、平和而富有价值。唯有积极进取的生活，才是唯一真正的生活。

凡事适可而止

有一个小孩，大家都说他傻，因为如果有人同时给他 5 毛和 1 元的硬币，他总是选择 5 毛，而不要 1 元。有个人不相信，就拿出两个硬币，一个 1 元，一个 5 毛，叫那个小孩任选其中一个，结果那个小孩真的挑了 5 毛的硬币。那个人觉得非常奇怪，便问那个孩子："难道你不会分辨硬币的币值吗？"

孩子小声说："如果我选择了 1 元钱，下次你就不会跟我玩这种游戏了！"

这就是那个小孩的聪明之处：如果他选择了 1 元钱，就没有人愿意继续跟他玩下去了，而他得到的，也只有 1 元钱；但他拿 5 毛钱，把自己装成傻子，于是傻子当得越久，他就拿得越多，最终他得到的，将是 1 元钱的若干倍！

因此，在现实生活中，我们不妨向那"傻小孩"看齐：不要 1 元钱，而取 5 毛钱！

几个人在海岸边垂钓，旁边几名游客在欣赏海景。只见一名垂钓者竿子一扬，钓上了一条大鱼，足有一尺多长，落在岸上后，仍腾跳不止。可是钓者却用脚踩着大鱼，解下鱼嘴内的钓钩，顺手将鱼丢进海里。

围观的人发出一片惊呼，这么大的鱼还不能令他满意，可见垂钓者雄心之大。

就在众人屏息以待之际，钓者鱼竿又是一扬，这次钓上的还是一条一尺长的鱼，钓者仍是不看一眼，顺手扔进海里。第三次，钓者的钓竿再次扬起，只见钓线末端钩着一条不过几寸长的小鱼。众人以为这条鱼也肯定会被放回，不料钓者却将鱼解下，小心地放回自己的鱼篓中。

众人百思不得其解，就问钓者为何舍大而取小。

钓者回答说："哦，因为我家里最大的盘子只不过有一尺长，太大的鱼钓回去，盘子也装不下。"

俗话说，贪图小便宜，终究是要吃大亏的。

法俄战争结束，法国人从莫斯科撤走后，一位农夫和一位商人在街上寻找财物。他们发现了一大堆未被烧焦的羊毛，两个人就各分了一半捆在自己的背上。

归途中，他们又发现了一些布匹，农夫将身上沉重的羊毛扔掉，选了些自己扛得动的较好的布匹；贪婪的商人将农夫所丢下的羊毛和剩余的布匹统统捡起来，重负让他气喘吁吁、行动缓慢。

走了不远，他们又发现了一些银质的餐具，农夫将布匹扔掉，捡了些较好的银器背上，商人却因沉重的羊毛和布匹压得他无法弯腰而作罢。

突降大雨，饥寒交迫的商人身上的羊毛和布匹被雨水淋湿了，他踉跄着摔倒在泥泞当中；而农夫却一身轻松地回家了。他变卖了银餐具，生活富足起来。

贪婪的人往往很容易被事物的表面现象迷惑，甚至难以自拔，事过境迁，往往后悔不已！

现代社会的人们总是认为：人际关系一次用完，做生意一次赚足！以为自己这样做是聪明，殊不知这都是在断自己的路！一直拥有那个小孩一样的"傻"，才会得到更多回报。

10个5毛钱多，还是一个1块钱多？你自己算算吧！

27

> 欲望的永不满足不停地诱惑着人们追求物欲的最高享受，然而过度地追逐利益往往会使人迷失生活的方向。因此，凡事适可而止，才能把握好自己的人生方向。

态度决定高度

挫折作为一种情绪状态和一种个人体验，各人的耐受性是大不相同的。有的人经历了一次次挫折，依然能够坚韧不拔，百折不挠；有的人稍遇挫折便意志消沉，一蹶不振，甚至痛不欲生。有的人在生活中受多人的挫折都能忍耐，但不能忍受事业上的失败；有的人可以忍受工作上的挫折，却不能经受生活中的不幸。

把一只跳蚤放在一个玻璃罩里，然后让跳蚤自由跳动，你会发现跳蚤第一次起跳就碰到了玻璃罩。连续几次之后，跳蚤调整了自己能够跳起的高度来适应新的环境，此后每次跳起的高度总保持在罩顶以下。当你逐渐降低玻璃罩的高度，跳蚤在经过数次碰壁之后主动调整了高度。最后，玻璃罩接近桌面，跳蚤无法再跳了，只好在桌子上爬行。这时候，如果你把玻璃罩拿走，再拍桌子，跳蚤仍然不会跳跃，"跳蚤"变成"爬虫"了。为什么呢？不是因为跳蚤丧失了跳跃能力，而是遭受挫折后，变得心灰意冷。最为可悲的是：虽然玻璃罩已经不存在了，跳蚤却连"再试一次"的勇气也没有了。玻璃罩的限制已经深深地刻在它那有限的潜意识里，反映在它的心灵上：不是没有跳高的能力，而是没有跳高的勇气！

其实，当一个人身处顺境，尤其是在春风得意时，一般很难看到自身的不足和弱点。唯有当他遇到挫折后，才会反省自身，弄清自己的弱点和不足，以及自己的理想、需要同现实的距离，这就为其克服自身的弱点和不足、调整自己的理想和需要提供了最基本的条件。因此，挫折是人生的催熟剂，经历挫折、忍受挫折是人生修养的一门必修课程。

曾有人做过实验，将一只最凶猛的鲨鱼和一群热带鱼放在同一个池子，然后用强化玻璃隔开。开始的时候，鲨鱼每天不断冲撞那块看不到的玻璃，但这只是徒劳，它始终不能过到对面去。而实验人员每天都放一些鲫鱼在池子里，所以鲨鱼也没缺少猎物，只是它仍想到对面去，想尝试那美丽的滋味。每天鲨鱼仍是不断地冲撞那块玻璃，它试了每个角落，每次都是用尽全力，但每次也总是弄得伤痕累累，有好几次都浑身破裂出血。

持续了一些日子，每当玻璃一出现裂痕，实验人员马上加上一块更厚的玻璃。后来，鲨鱼不再冲撞那块玻璃了，对那些斑斓的热带鱼也不再好奇，好像它们只是墙上会动的壁画。它开始等着每天固定会出现的鲫鱼，然后用它敏捷的本能进行狩猎，好像回到海中不可一世的凶狠霸气，但这一切只不过是假象罢了。实验到了最后的阶段，实验人员将玻璃取走，但鲨鱼却没有反应，每天仍是在固定的区域游着。它不但对那些热带鱼视若无睹，甚至于当那些鲫鱼逃到那边去，它就立刻放弃追逐，说什么也不愿再过去。实验结束了，实验人员讥笑它是海里最懦弱的鱼。可是曾经失败的人都知道为什么，它怕痛。

对于年轻人来说，不管现在他多么贫穷或者多么笨拙，只要他有着积极进取的心态和更上一层楼的决心，我们就不应该对他失去信心。对于一个渴望着在这个世界上立身扬名、成就一番事业的人来说，任何东西都不是他前进的障碍；不管他所处的环境是多么恶劣，也不管他面临多少艰难险阻，他总是能通过内心的力量驱动自己，脱颖而出，勇往直前。

 **信念感悟**

> 在成功者的眼里，失败不只是暂时的挫折，失败更是一次次丰富阅历、总结经验的机会。一件事情能不能做好，并不取决于你的能力，而取决于你的态度。

相信有转机存在

古人云："人生在世，不如意事十之八九。"就是说，生活中人人都会

遇到不顺心的事，都会有突然跌落低谷，在逆境中挣扎的时候。同样的环境下，有的人能把无数次的打击当作是一种磨炼，一种让自己更加坚强、更加成熟的人生机遇，并冲出逆境重新崛起；而有的人却只能在逆境中悲观、消沉，一天天地萎靡下去。之所以有这样的差距，原因在于他们自身对困难的承受力不同。

如果在重大的打击和挫折面前，缺乏一定的承受力，那就很可能陷入绝境。所以，不管怎样都要相信有转机存在。

1832 年，林肯失业了，这显然使他很伤心，但他下决心要当政治家，当州议员。糟糕的是，他竞选失败了。在一年里遭受两次打击，这对他来说无疑是痛苦的。

接着，林肯着手自己开办企业，可一年不到，这家企业又倒闭了。在以后的 17 年间，他不得不为偿还企业倒闭时所欠的债务而到处奔波，历尽磨难。

随后，林肯再一次决定参加竞选州议员，这次他成功了。他内心萌发了一丝希望，认为自己的生活有了转机："可能我可以成功了！"

1835 年，他订婚了。但离结婚还差几个月的时候，未婚妻不幸去世。这对他精神上的打击实在太大了，他心力交瘁，数月卧床不起。1836 年，他得了神经衰弱症。

1838 年，林肯觉得身体状况良好，于是决定竞选州议会议长，可他失败了。1843 年，他又参加竞选美国国会议员，但这次仍然没有成功。

林肯虽然一次次地尝试，但却是一次次地遭受失败：企业倒闭、未婚妻去世、竞选败北。要是你碰到这一切，你会不会放弃——放弃这些对你来说是重要的事情？

林肯是一个聪明人，他具有执著的性格，他没有放弃，他也没有说："要是失败会怎样？"1846 年，他又一次参加竞选国会议员，最后终于当选了。

两年任期很快过去了，他决定要争取连任。他认为自己作为国会议员表现是出色的，相信选民会继续选举他。但结果很遗憾，他落选了。因为这次竞选他赔了一大笔钱，林肯申请当本州的土地官员。但州政府把他的申请退了回来，上面指出："做本州的土地官员要求有卓越的才能和超常的智力，你的申请未能满足这些要求。"

接连又是两次失败。在这种情况下你会坚持继续努力吗？你会不会说"我失败了"？

然而，作为一个聪明人，林肯没有服输。1854 年，他竞选参议员，但失败了；两年后他竞选美国副总统提名，结果被对手击败；又过了两年，他再一次竞选参议员，还是失败了。

林肯尝试了 11 次，可只成功了 2 次，他一直没有放弃自己的追求，他一直在做自己生活的主宰。1860 年，他当选为美国总统。

阿伯拉罕·林肯遇到过的敌人你我都曾遇到。但是当他面对困难时没有退却、没有逃跑，他坚持着、奋斗着。他压根就没想过要放弃努力，他不愿放弃，所以他成功了。

试想一下，如果我们同样在困难面前不退却，坚持到底，那我们也同样可以取得成功。

失败是成功的必经阶段，没有一位成功者是未曾经历过失败考验的，他们的秘诀就是：跌倒了，再爬起来。

 信念感悟

> 一个人想干成任何大事，都要能够坚持下去，坚持下去才能取得成功。说起来，一个人克服一点儿困难也许并不难，难的是能够持之以恒地做下去，直到最后成功。

坚持信念，奋斗不息

一个人通常所设立的成功目标都很明确，如金钱、学业、事业……而这些目标是固定的，缺少变化的。人们尽可以在想象里把一切设计得很好，真正要实现却很难；一旦实现了，可能会出现两个结果：一是满足，放弃永恒的奋斗；另外就是，一点也不满足，继续奋斗。下面我们就讲述一个坚持信念、奋斗不息的故事。

当意大利人伦霍尔德·米什尼在成功地登上了 8848.13 米的珠穆朗玛峰顶后，记者采访了他。

记者：海拔 8000 米的高度被登山运动员称为"死亡高度"，你是怎样在氧气极为稀薄的死亡高度上不带氧气瓶前进的呢？难道你有特异功能吗？

米什尼：我的肺功能和你的差不多，医生会证明这一点。我是人的肺

功能，而不是秃鹫的。之所以我能登上这个高度，是因为我想证明8000米的高度不是人的死亡高度！我在这个高度上每走一步都要停下来深呼吸20次，吸入能够维持生命活力的氧再走。人没有秃鹫的肺，但人有秃鹫所不具备的脑袋。

记者：米什尼先生，你是人类唯一征服了世界屋脊上全部8000米以上高峰的人。

米什尼：记者先生，你又说错了，我不是人类的"唯一"，而应该说是"第一个"。

记者：对，"第一个"，不是"唯一"。请问，所有登上世界高峰的人都会带一面自己国家的国旗，为什么你只掏出一块手帕？难道手帕上有着比国旗更能激发你浪漫情怀的东西？对不起，我涉及你的隐私了。

米什尼：我的手帕不是夫人或情人送的，而是随意从商店里买的，没有任何隐私。我挥舞普通的手帕，只是说明，人能登上世界屋脊就像爬上自己家屋顶那么普通。我不带国旗，就是告诉世人，不仅仅是意大利人才能登上这个高度！

米什尼的征服欲是为了完成自己的愿望，而不只是为了争夺一种荣誉，当自己实现愿望后，也同样希望别人也能做到。

美国女诗人艾米·狄金森写道："从未成功者，方知成功甜。"没有哪一个具体的目的一旦达到了，它还能使人们保持对它长时期的兴趣。在现实生活中，没有这种"理想的境界"，要认识这一点，需要相当的生活阅历。

 **信念感悟**

> 不要只是满足于目前的一点点欲望，而是要树立一个远大的理想，这样，你的人生会更加丰富有趣。当你实现了一部分愿望，你会为下一个愿望而努力，而那个远大的理想就是努力的动力。

信念让我们热爱生活

生活中有很多事例启示我们，不论在什么情况下，问题都有可能会随时发生，这也是对你的一种考验。如果只会推卸责任、怨天尤人，那只能让自己陷入孤立无援的境地。相反，以豁达的姿态去处理问题，就会赢得尊重。

让自己活得快乐一些

查利曾经是一家汽车公司的职员，工作勤奋，一次意外，使他的右眼受伤，最后不得不摘除右眼球。

原本乐观向上的查利变得沉默寡言，因为眼睛变得丑陋，他害怕那么多投过来的目光，他拒绝上街。

公司给他的假期一次次延长，所有的家庭负担最终落在了妻子露丝的身上，她爱丈夫，爱这个家，她想让这个家和以前一样温馨快乐。除了白天的正职，晚上她还找了一份兼职工作，露丝认为，只要自己努力，查利心中的阴影一定会消除，那只是时间问题。

也许上天跟查利开了一个很大的玩笑，在他的右眼失去后，左眼的视力也受到了影响。一个阳光灿烂的早晨，儿子正在院子里踢球，在以前，即使再远，查利也会看清那是自己的儿子，而那天，查利竟然问妻子，是谁在院子里踢球呢。

露丝什么也没有说，只是走近丈夫，轻轻地抱住他的头。查利知道自己的状况，轻轻地说："亲爱的，我已经意识到了以后会发生什么。"露丝的脸上已满是泪水。

其实，露丝早就知道这个后果，只是她不想看到丈夫受那么大的打击，所以要求医生不要告诉他真相。而当查利知道自己将要失明后，反而安静了，这让露丝感到奇怪。

露丝知道丈夫能看见这个世界的日子已经不多了，她每天把自己和儿子都打扮得漂漂亮亮，一家人出去游玩。在查利面前，无论她心里有多么悲伤，脸上总是带着微笑，她想为丈夫留下最美好的一面。

几个月过去了，查利的视力一天比一天差，一天他对妻子说："你才买的套裙看起来太旧了。"

露丝只能装作自己买的裙子颜色不好，其实她那件套裙的颜色在太阳底下绚丽夺目。

露丝想，自己到底还能为丈夫留下什么呢？

第二天，露丝请来一个油漆匠，要他把家具和墙壁重新粉刷一遍，她要让查利的心里永远都记得家的模样。

油漆匠很认真地粉刷着，一边干活一边吹着口哨。一个星期，把所有的家具和墙壁刷好了，而且，他还知道了查利的情况，算工钱的时候，油漆匠对查利说："很抱歉，我干得很慢。"

查利说："你天天那么开心，我也感到高兴。"

查利把工钱给了油漆匠，露丝看见了，对查利说："你少算工钱了。"

油漆匠说："我已经多拿了，一个等待天明的人还那么平静，我明白了什么叫勇气。"

查利坚持让露丝多给油漆匠100美元，查利说："你让我知道了，原来残疾人也可以自力更生，生活得很快乐。"

原来油漆匠只有一只手。

豁达的姿态不仅可以用于对别人，在自己遇到困难的时候，也不妨退一步去想，广阔的胸怀和宽大的气度会让你勇敢面对困难。

大海里生活的鱼不会因为一点点的风浪就惊慌失措；而小溪里的鱼，只要感觉到一点点的异常东西，就会立刻逃散，人也是如此。

在困难面前，你首先要正视它，才能战胜它。其次，有了战胜困难的决心，再加上坚持不懈的努力，你就会发现，困难一点也不可怕。生活其实很简单，无论是残疾还是病痛，只要对自己有信心，人生就会变得快乐。

培养快乐的心理

现代人的生活中时常会充满各种各样的压力，如何排解心理压力，保持愉快的心情，是人们非常关心的问题。其实愉快不愉快都是自己的感觉，别人不能帮你愉快，所以只能靠自己去感觉愉快的心情。如果你时刻跟自己说"我很愉快"，你就会发现自己真的觉得愉快了。

缓解压力的另一方面就是在平时学习、工作中对自己不太苛求。不要把自己的目标定得太高，也不要对自己所做的事要求十全十美，应该根据实际情况把目标和要求定在自己能力范围之内，懂得欣赏自己的成就，心情就会舒畅。

斯匹特是一位年轻的电脑销售经理。他有一个温暖的家和一份高薪的工作，在他的面前是一条充满阳光的大道，然而他却非常消沉。他总认为自己身体的某个部位有病，快要死了，他甚至为自己选购了一块墓地，并为他的葬礼做好了准备。实际上他只是感到呼吸有些急促，心跳有些快，喉咙梗塞。医生劝他在家休息，暂时不要做销售工作。

斯匹特在家里休息了一段时间，但是由于恐惧，他的心里仍不安宁。他的呼吸变得更加急促，心跳得更快，喉咙仍然梗塞。这时他的医生叫他到海边去度假。

海边虽然有使人健康的气候、壮丽的高山，但仍阻止不了他的恐惧感。一周后他回到家里，他觉得死神很快就要降临。

斯匹特的妻子看到他这样子，将他送到了一所有名的医院进行全面的

检查。医生告诉他："你的症结是吸进了过多的氧气。"他立即笑起来说："我怎样对付这种情况呢?"医生说："当你感觉到呼吸困难，心跳加快时，你可以向一个纸袋呼气，或暂且屏住气。"医生递给他一个纸袋，他就遵医嘱行事。结果他的心跳和呼吸变得正常了，喉咙也不再梗塞了。

他离开这个诊所时是一个非常愉快的人。

此后，每当他的病发作时，他就屏住呼吸一会，使身体正常发挥功能。几个月以后，他不再恐惧，症状也随之消失。自那以后，他再也没有找医生看过病。

许多人感到身体支持不住，往往症结在于心理上。保持愉快的情绪对身体的健康是非常有帮助的。"不怕才有希望"，对付困难是这样，对付疾病也是这样。

我们要保持愉快的心情首先就要正确认识压力。人生活在社会中，有压力是正常的事。因此，对平时正常的压力并不需要全面排除。但是，太大的压力、太重的心理负担就要想办法减轻了。在遇到精神困扰时，我们应该学会自我安慰、平息紧张，使我们在多种复杂的情况下都能沉着冷静处理各种事件。

 信念感悟

> 当我们感到压力太大时，应当主动疏导发泄，如把自己的体验、想法讲给亲人、同事、朋友，让郁闷释放出来，这样就会觉得有所安慰，心情也会变得轻松起来。或者转移注意力，工作之余积极参加文艺或体育活动，可以丰富生活，增加情趣。在心情不愉快时也可外出旅游、逛商店，来调整自己的情绪，达到乐而忘忧。

信念点燃心灵火花

跟随心灵去做事

我们不应该根据人们现在从事的工作来对他进行评判，在确切地了解

一个人的理想和抱负之前，不应对一个人轻易地下结论。判断一个人的标准应该是看他所拥有的抱负和确立的目标。一个年轻人，只要他具备毅力、恒心和信念，他完全有可能成为一个杰出人物。

44年前，洛杉矶郊区有一个15岁的小男孩，他那时候没有见过世面，所以，他给自己拟定了一个表格，上面列出了自己的梦想清单：到尼罗河、亚马逊河和刚果河探险；登上珠穆朗玛峰、乞力马扎罗山和麦特荷恩山；驾驭大象、骆驼、鸵鸟和野马；探访马可·波罗和亚历山大一世走过的路；主演一部像《人猿泰山》那样的电影；驾驭飞行器起飞降落；读完莎士比亚、柏拉图和亚里士多德的著作；谱一部乐谱；写一本书；游览全世界的每一个国家；结婚生子；参观月球……

那就是他一生的目标，他把表格上的每一项目标编了号，共有127个目标。

16岁的时候，他跟随父亲到佐治亚州的奥克费诺基大沼泽和佛罗里达州的埃弗格莱兹探险，于是，他表格上的第一个目标完成了。

从那以后，他逐个地按照顺序实现目标，在他59岁的时候，表格上的127个目标中有106个已经完成了。

这个美国人叫约翰·戈达德，一生之中获得了一个探险家所能享有的荣誉，其中包括成为英国皇家地理协会会员和纽约探险家俱乐部的成员。

他是一个伟大的人，一生都在追逐自己的梦想，真正地拥有了这个世界。

有人惊讶地追问他是凭借着怎样的力量，把那些注定的"不可能"都踩在脚下，把那么多的绊脚石都当做了登攀的基石，他微笑着回答："很简单，我只是让心灵先到那个地方，随后，周身就有了一股神奇的力量，接下来，就只需沿着心灵的召唤前进好了。"

 **信念感悟**

　　在一个人的日常活动中，我们可以发现某些预示着他的未来的东西。他做事的风格，他对工作的投入程度，他的言行举止——所有的一切都预示着他会拥有什么样的未来。当我们看到一个工作兢兢业业，想方设法地使每一件事都做得尽善尽美，以自己的努力和成就为荣，并在此基础上积极寻求进一步的发展和提高的人时，我们相信他总有一天会崭露头角。

信心来自共同的信念

管理大师德鲁克认为，要调动职工们的积极性，重要的是使职工发现自己所从事的工作的乐趣和价值，从工作的完成中享受到一种满足感。作为管理者要尊重并保护职工的积极性，主动性，这样职工个人的目标和欲望实现后，工作和人性两方面得到了统一，职工就会在发展中和团队共同走向成功。

联邦快递，是全球最大快递企业。创始人弗雷德·史密斯曾经骄傲地说："我们是电脑时代的赫尔默斯（希腊神话中的众神信使）。"的确如此，最早的他们只是传递包裹和信件，而发展到今天，无所不包。凡是你所能想到的，都可以传递。

开业之初，联邦快递向25个城市提供服务，但公司处于亏损状态。第一天夜里运送的包裹只有186件。在前26个月里，联邦快递公司亏损2930万美元，欠债4900万美元，随时可能倒闭。公司的投资者开始怀疑，他们想撤走自己的资本，免得最后血本无归。弗雷德一边照看公司的业务，一边极力争取更多的资金，并设法安慰那些越来越心存疑虑的投资者，忙得焦头烂额。

可是，公司还是负债累累。为了抵偿公司的债务，弗雷德卖掉了自己的私人飞机，甚至伪造律师签字，从家庭信托基金中提取本属于他两个姐姐的钱；为了改善经营情况，弗雷德竭尽全力争取客户，开拓市场：为得到美国邮政总局的合约，联邦快递公司在西部开辟了6条航线，在与其他企业的竞争中，他把价格杀得很低，以致使人怀疑是否还有利润。但弗雷德做这一切都是为了更长久的利益，他认为尽管这笔业务并没有很高的利润，却可以用来充当公司的门面，公司可以借这笔业务向外界表示："看啊，连邮政总局的合约都能拿到手，对联邦快递公司的服务还有什么不放心的。"这样做不仅让投资者放心，还可以争取更多的用户。

他的不屈不挠、以及对前途的无限信心和十足的勇气，吸引了联邦公司的雇员，他们心甘情愿、同舟共济度过难关，他们为了公司的利益做出了许多令人感动和别具一格的事迹。送货人可以抵押自己的手表来购买汽油；当执法官来查扣鹰式飞机时，职工把飞机藏起来；面对公司一度达到的每天 80 万件额外包装件，数千名雇员自愿在午夜之前来到货仓，连夜清理堆积如山的货物。

深受感动的弗雷德曾经在报纸上用整整 10 个版面表达对工人们的感谢，并用军人的敬礼来结束感谢词。他说："你们的工作非常出色，你们对自己的事业具有高度的责任感。"这无疑是对员工的最高嘉奖。弗雷德对工人更是给予了更大的物质报答，不仅这样，他还承诺不裁员、最高工资、利润共享、管理人员的股份权等政策，使公司成为最好的公司之一。

现在，还有许多来自世界各地的商业人士愿意支付 250 美元，花几个小时参观联邦快递公司在孟菲斯的总部。即使是那些认为合作信义精神不复存在的悲观者，在那里也会被那些热情诚恳、士气高昂的雇员们所感动。

皇天不负苦心人，形势的发展终于开始朝着有利于联邦快递的方向发展。随着航空运输业的迅速发展，一些主要的运输公司严重地缺少运载工具，所以集中力量开展主要城市，而放弃了许多小城市的运输业务。结果是，这些公司不能再为自己原来的小型货物客户提供服务，从而为联邦快递公司填补空缺铺平道路。另外的一个好运气是，1974 年，由于老对手联合包裹运输公司的员工长期罢工，终于使铁路快运公司破产。这两件事都为联邦快递公司提供了发展公司业务、改善公司状况的好机会。

1978 年，联邦快递上市。到 1980 年，公司收入高达 4154 万美元，利润达到 3700 万美元。1983 年，公司的年度营业收入达到 10 亿美元，成为美国历史上第一家创办不足 10 年，不靠收购或合并而超过 10 亿美元营业额的公司。

联邦快递的成功并不是弗雷德一个人的成功，它是由公司中的每一个员工创造的，而弗雷德明白员工的重要性，他把公司所有的利益都与员工的工作挂钩，成为促使员工努力工作的动力。

 **信念感悟**

　　我们要有敢于拼搏的精神，以豁达的心情面对现实，这样就会使自己有良好的心态面对各种矛盾。坦然面对人生中的荣与辱、得与失。

把自卑踩得粉碎

有自卑心理的人总是用别人的眼光来过低地评论和挑剔自己，把自己限制在一个劣于他人的境地，认为自己与世间那些美好的事物无缘，给自己设置一连串的"不可能"：不可能像别人那样出色，不可能有那么大的作为，不可能取得那样大的成功……总认为自己渺小，做事情很少能够心中有数。其实，这个世界上，在你周围的人群中，比你强的并没有你想象的那么多。

丽莎是来自美国阿肯色州的学生，也是她所在镇里唯一到哈佛读书的人。在她准备启程到哈佛大学前，当地的人都为她能到哈佛上学而感到自豪，她自己也庆幸能有这样好的机遇。

但是，丽莎的兴奋劲还没过，就忽然对自己的感觉越来越糟糕了。她在哈佛过得很辛苦，上课听不懂，说话带土音，许多大家都知道的事自己却一无所知，而许多她知道的事大家却又觉得好笑。她开始后悔自己到哈佛来。她不明白自己为什么要到哈佛来受这份羞辱，同时更加怀念在家乡的日子，在那里，可没有人瞧不起她。

感到孤独无比的丽莎，觉得自己是全哈佛最自卑的人。无奈之下，她求助于心理咨询。

心理医生对她是这样诊断的：

她已跨入了个人成长的"新世纪"，可她对已经过去了的"旧世纪"仍恋恋不舍。

她对于生活的种种挑战，不是想方设法加以适应，而是缩在一角，惊恐地望着它们，哀叹自己的无能与不幸。

她对于能来哈佛上学这一辉煌成就已感到麻木不仁。她的眼睛只盯着当前的困难与挫折，没有信心再去造就一次人生的辉煌。

她习惯了做羊群中的骆驼，不甘心做骆驼群中的小羊。

她以高中生的学习方法去应付大学生的学习要求，自然是格格不入，可她抱残守缺，不知如何改变。

她因为自己来自小地方，说话土里土气，做事傻里傻气，就认定周围的人在鄙视她，嫌弃她。可她没有意识到，正是因为她的自卑，才使周围的人无法接近她，帮助她。

她生长在中南部地区，来东海岸的波士顿求学，面临的是一种乡镇文化与都市文化的冲突，她没有想到，哈佛对她来说，不仅是知识探索的殿堂，也是文化融合的熔炉。

她身材瘦小，长相平凡，多年来唯一的精神补偿就是学习出色。可眼下，面临来自世界各地的"学林高手"，她已再无优势可言。

她长相平庸，学习又平庸，这就彻底打破了她多年的心理平衡点，使她陷入了空前的困惑中。她悲叹自己来哈佛是个错误。可她忘了，多年来，正是这个哈佛梦在支撑着她的精神。她虽然战胜了许多竞争对手进入哈佛大学求学，却在困难面前输给了自己的妄自菲薄。

她怨的全是别人，叹的全是自己。难怪她会在哈佛有自卑的感觉。她只有跳出往日光辉的"怪圈"，全身心投入"新世纪"，才能重新振作起来。

总而言之，丽莎的问题核心就在于：她往日的心理平衡点彻底打破了，她需要在哈佛大学建立新的心理平衡点。

丽莎陷入自卑的沼泽中，认定自己是全哈佛最自卑的人，这说明她过于扩大了自己精神痛苦的程度，看不到自己在新环境中生存的价值。所以心理医生一方面承认她当前面临的困难是她人生中前所未有的，所以她反映出来的情绪也是很自然的。同时，心理医生告诉她，对哈佛的不适应，产生种种焦虑与自卑反应，这在哈佛很普遍，并非只有她一个人。这使丽莎产生了"原来很多人也和我一样啊"的平常感。

所以，心理医生竭力让丽莎懂得在新的环境里，学会多与自己比，而不与别人比。如果一定与别人比的话，还要透视到别人在学习成绩、意志等方面不如自己的一面。理清学习中的具体困难，并制定相应的学习计划加以克服和改进。同时，心理医生让丽莎参加了一个哈佛本科生组成的学生电话热线，让丽莎在帮助别的同学的同时，也结交了不少新的知心朋友。更重要的是，丽莎在帮助他人的过程中，重新感到自信心在增长，感到哈佛大学需要她，她不再是哈佛大学多余的人了。

> 　　一系列的心理反差，使丽莎产生了自己是哈佛大学多余的人的悲叹。她没有意识到，自己之所以会有这样的心理反差，是因为以往与同学的比较中，她获得的尽是自尊与自信；但现在与同学的比较中，她获得的尽是自卑与自怜。

不以物喜，不以己悲

　　一位留学美国的中国学生和朋友谈起了自己看问题视野的变化。

　　由于小学成绩优秀，他考上了县城的中学。但他发现自己再不能像在小学时那样稳拿第一了，于是产生了嫉妒：成绩比自己好的同学原来都有六棱好铅笔，自己却没有，天道不公啊！经过几年的苦读，他成为县中学的第一了。他却又觉得：人与人之间还是不平等的，为什么自己没有好钢笔呢？

　　中学毕业后，他考上了北京的某所大学，可好景不长，他的学习成绩连中等也保不住。看到城里的同学是好铅笔成堆，好钢笔成把，早上蛋糕牛奶，晚上香茶水果，想想自己，早上一个窝头还舍不得吃完，还要给晚上留一半。"合理"又从何谈起呢？

　　5年后，他到美国留学，亲眼看到了五光十色的西方世界，所有的嫉妒、自卑、怨恨却忽然一扫而光了。原来他选取的比较标准发生了变化，看到的不再是自己的同学、同事和邻居，而是整个世界。

　　这个世界上只有一件事是最重要的，那就是自己得瞧得起自己，至于别人怎么说怎么认为反而是一件无足轻重的小事。

　　战国时代，在长城外住了一位老翁。有一天，老翁家里养的一匹马无缘无故走失了。在塞外，马是主要的载物运输工具，所以，邻居都来安慰他。这位老翁却很不在乎地说："这件事未必不是福气！"过了几个月，走失的那匹马居然带了一匹胡人的骏马回家，这真正是赚了，邻居都来庆贺。

这位老翁却说："这未必不是祸！"

几个月后，老翁的儿子骑着这匹胡马摔断了大腿骨，邻居们佩服老翁的料事如神之余也赶来慰问，而这位老翁却毫不在意地说："这倒未必不是福！"事隔半年，胡人入侵，壮丁统统被征调当兵，战死沙场者十之八九，而老翁的儿子却因为摔断了一条腿免役而保住一命。

塞外老翁这种透过长远时空、利弊并重的思考问题的方式，自然产生"不以物喜，不以己悲"的平常心，遂成为中国传统文化中睿智的典型。这种平常心带来了生活中的和谐，宽容心不也是如此吗？

世上有走不完的路，也有过不去的河。遇到过不去的河掉头而回，这也是一种智慧。但真正的智慧是不要因为小挫折而灰心丧气，最后影响了你的人生脚步。

历览古今，抱定"不以物喜，不以己悲"这样一种生活信念的人，最终都实现了人生的突围和超越。

 **信念感悟**

> 其实在生活中，我们应该保持一种适应环境、改造环境的积极心态，而不要一味地在自己的消极意志中沉寂下去。

发挥对生命的热情

古今中外，有多少伟人一生都坚持着自己的信念：朱自清宁愿饿死不吃美国的救济粮，文天祥死前哀唱留取丹心照汗青的慷慨陈词，诸葛亮为实现抱负而最终累死，由此我们可以得到这样一个道理：坚持自己的信念，你会拥有一个充实的人生。

自己的成绩是不需要别人来鼓舞指引的，当你认为自己好的时候，那便是好，不需要听取别人的批判或赞美，这就是信念。

奥立佛在英语剧坛叱咤风云 50 年，从凡人到宙斯，从牧师到纳粹党人，各种角色他无所不能。他最大的成就是一系列莎士比亚戏剧。在莎翁的世界里，奥立佛几乎只手撑天，无人可与之匹敌。借助舞台与电影表演，他

引导现代观众步入莎翁艺术的殿堂。中国观众熟悉的《王子复仇记》是他1948年的杰作，曾获当年奥斯卡大奖。1954年，他在《理查三世》一片中集制片、导演、主演于一身。该片在电影和电视上同时首映，观众多达2500万人，超过上莎剧观众人数的总和。今天，任何莎剧演出如果偏离奥立佛立下的标准，就显得荒腔走板。

奥立佛的成就并非一蹴而就。年轻时，他对莎剧大胆独到的诠释，常被讥为哗众取宠。一次，奥立佛饰演《奥塞罗》中的亚古，他采用亚古爱上主人的弗洛伊德式的解释，亲吻奥塞罗的嘴唇。此举令观众大为吃惊。饰演奥塞罗的演员只好无奈地挣脱身体，然后喃喃低语："好了，好了，别这样。"

在现实生活里，奥立佛也充满精彩段落。他曾与女明星费雯丽各自抛下原配相恋结婚。后又因费雯丽精神失常而离异，几百万影迷为此大为叹息。1961年，奥立佛与女演员琼·普洛莱结婚。普洛莱觉得奥立佛难以捉摸，说他永远都在演戏。他经常借化装、易容等手段，施展他所谓"由外及内"的功夫。他似乎一直觉得无法找到自己的真实身份，所以必须不断改造自己。

1965年，奥立佛在伦敦扮演奥塞罗。有天晚上，他演得实在太精彩了，全体演员为他鼓掌道贺，但奥立佛却冷漠地把门关上拒绝称赞。有人不解地问及原因，他回答："我知道我演得好，问题是我不知怎么演出来的，所以，我怎么有把握下次还演得这么好？"他的下一次当然还是这么好。奥立佛的演技无人能及，他是剧坛唯一获得上院爵位的演员。现在，他去世了。剧院的灯光也不再像往日那般明亮。

信念是善者面对生命的热爱情感。人之于动物的可贵之处是对其他一切都可以怀有爱。李时珍可以说是一位典型的博爱者。一本《本草纲目》让他踏遍全国，尝尽苦寒，受尽挫折。不是对生命怀有敬畏，怀有热爱，又怎会有不曾动摇的信念去践行这理想？

信念感悟

> 坚持自己的信念，冲破一切借口困难便会创造一个美好的人生、传奇的人生。

对别人学会宽容

有人说："宽容是芬芳的花朵，友谊是它的果实。"有人说："宽容是理解的桥梁，真诚和信赖是它的基石。"还有人说："宽容是清凉的甘露，浇灌了干涸的心灵。"宽容是一种美德，凡是能做到宽以待人者，都会受到人们的欢迎。宽容是人类文明的一个考核标准。"宽以济猛，猛以济宽，宽猛相济"，"治国之道，在于拓宽得中"，古人以此作为治国之道，表明宽容在社会中所起的重要作用。宽容，是自我思想品质的一种进步，也是自身修养，处世素质与处世方式的一种进步。

二战期间，一支部队在森林中与敌军相遇，激战后两名战士与部队失去了联系。这两名战士来自同一个小镇。

两人在森林中艰难跋涉，他们互相鼓励、互相安慰。但十多天过去了，仍未与部队联系上。这一天，他们打死了一只鹿，依靠鹿肉又艰难度过了几天。也许是战争使动物四散奔逃或被杀光，这以后他们再也没看到过任何动物，他们把仅剩下的一点鹿肉背在身上。这一天，他们在森林中又一次与敌人相遇，经过再一次激战，他们巧妙地避开了敌人。

就在自以为已经安全时，只听一声枪响，走在前面的年轻战士中了一枪——幸亏伤在肩膀上！后面的士兵惶恐地跑了过来，他害怕得语无伦次，抱着战友的身体泪流不止，并赶快把自己的衬衣撕下包扎战友的伤口。

晚上，未受伤的士兵一直念叨着母亲的名字，两眼直勾勾的。他们都以为他们熬不过这一关了，尽管饥饿难忍，可他们谁也没动身边的鹿肉。天知道他们那一夜是怎么过的。第二天，部队救出了他们。

事隔30年，那位受伤的战士安德森说："我知道谁开的那一枪，他就是我的战友。当他抱住我时，我碰到他发热的枪管。我怎么也不明白，他为什么对我开枪？但当晚我就宽容了他。我知道他想独吞我身上的鹿肉，我也知道他想为了他的母亲而活下来。此后30年，我假装根本不知道此事，也从不提及。战争太残酷了，他母亲还是没有等到他回来，我和他一起祭奠了老人家。那一天，他跪下来，请求我原谅他，我没让他说下去。我们又做了几十年的朋友，我宽容了他。"

即使一个非常宽容大度的人，也往往很难容忍别人对自己的恶意诽谤和致命的伤害。但唯有以德报怨，把伤害留给自己，才能赢得一个充满温馨的世界。释迦牟尼说："以恨对恨，恨永远存在；以爱对恨，恨自然消失。"

在现实生活中，有许多事情，当你打算用怨恨去实现或解决时，不妨用宽容去试一下，或许它能帮你实现目标，解决矛盾，化干戈为玉帛。生活中，不会宽容别人的人，是不配受到别人宽容的。

信念感悟

> 宽容是一门艺术，一门做人的艺术，宽容精神是一切事物中最伟大的行为。宽容待人，就是在心理上接纳别人，理解别人的处世方法，尊重别人的处世原则。我们在接受别人的长处之时，也要接受别人的短处、缺点与错误，这样，我们才能真正地和平相处，社会才显得和谐。

学会微笑

微笑是上帝赐给人的专利，微笑是一种令人愉悦的表情。面对一个微笑着的人，你会感到他的自信、友好，同时这种自信和友好也会感染你，使你和对方亲近起来。微笑是一种含意深远的身体语言。微笑是在说："你好，朋友！我喜欢你，我愿意见到你，和你在一起我感到愉快。"微笑可以鼓励对方的信心，微笑可以融化人们之间的陌生和隔阂。当然，这种微笑必须是真诚的，发自内心的。正如英国谚语所说："一副好的面孔就是一封介绍信。"微笑将为你打开通向友谊之门，如果我们想要发展良好的人际关系，那么我们非要学会微笑不可。

威廉·史坦哈已经结婚18年多了，在这段时间里，从早上起来，到他要上班的时候，他很少对自己的太太微笑，或对她说上几句话。史坦哈觉得自己是百老汇中最闷闷不乐的人。

后来，在史坦哈参加的继续教育培训班中，他被要求准备以微笑的经验发表一段谈话，他就决定亲自试一个星期看看。

从那时开始，史坦哈要去上班的时候，就会对大楼的电梯管理员微笑着，说一声"早安"；他以微笑跟大楼门口的警卫打招呼；他对地铁的检票小姐微笑；当他站在交易所时，他对那些以前从没见过自己微笑的人微笑。

史坦哈很快就发现，每一个人也对他报以微笑。他以一种愉悦的态度，来对待那些满肚子牢骚的人。他一面听着他们的牢骚，一面微笑着，于是问题就容易解决了。史坦哈发现微笑每天都带给了自己更多的收入。

那时，史坦哈跟另一位经纪人合用一间办公室，对方的职员中有个很讨人喜欢的年轻人。史坦哈告诉那位年轻人最近自己在微笑方面的体会和收获，自己为所得到的结果而高兴。那位年轻人承认说："当我最初跟您共用办公室的时候，我认为您是一个非常闷闷不乐的人。直到最近，我才改变看法：当您微笑的时候，充满了慈祥。"

你的笑容就是你的好意的信使。你的笑容能照亮所有看到它的人。对那些整天都看到皱眉头、愁容满面的人来说，你的笑容就像穿过乌云的太阳；尤其对那些受到上司、客户、老师、父母或子女的压力的人，一个笑容能帮助他们了解一切都是有希望的，世界是有欢乐的。

 信念感悟

世界上的每一个人，都在追求幸福，有一个可以得到幸福的可靠方法，就是以控制你的思想来得到。幸福并不是依靠外在的情况，而是依靠内在的情况。记住：微笑能改变你的生活。如果你不喜欢微笑，那怎么办呢？那就强迫你自己微笑。

心态决定成败

我们必须面对这样一个事实，在这个世界上成功卓越者少，失败平庸者多，成功卓越者活得充实、自在、潇洒，失败平庸者过得空虚、艰难、狼狈。

为什么会这样？

仔细观察，比较一下成功者与失败者的心态，尤其是关键时候的心态，我们就会发现心态导致人生惊人的不同。

在推销员里，广泛流传着一个这样的故事：两个欧洲人到非洲去推销皮鞋，由于天气炎热，非洲人向来都是打赤脚。第一个推销员看到非洲人都打赤脚，立刻失望起来："这些人都打赤脚，怎么会要我的鞋呢。"于是放弃努力，沮丧而回；另一个推销员看到非洲人都打赤脚，惊喜万分："这些人都没有皮鞋穿，这皮鞋市场大得很呢。"于是想方设法，引导非洲人购买皮鞋，最后发大财而回。

这就是一念之差导致的天壤之别。同样是非洲市场，同样面对打赤脚的非洲人，由于一念之差，一个人灰心失望，不战而败；而另一个人满怀信心，大获全胜。

有些人总喜欢说，他们现在的境况是别人造成的，环境决定了他们的人生位置。但是，我们的境况不是周围环境造成的。说到底，如何看待人生，由我们自己决定。纳粹德国某集中营的一位幸存者维克托·弗兰克尔说过："在任何特定的环境中，人们还有一种最后的自由，就是选择自己的态度。"

塞尔玛陪伴丈夫驻扎在一个沙漠的陆军基地里。她丈夫奉命到沙漠里去演习，她一个人留在陆军的小铁皮房子里，天气热得让她受不了，在仙人掌的阴影下也有 52 摄氏度。她没有人可谈天，只有墨西哥人和印第安人，而他们不会说英语。她非常难过，于是就写信给父母，说要丢开一切回家去。她父亲的回信只有两行，这两行字却永远留在了她心中，完全改变了她的生活：两个人从牢中的铁窗望出去，一个看到泥土，一个却看到了星星。

塞尔玛一再读这封信，觉得非常惭愧，她决定要在沙漠中找到"星星"。塞尔玛开始和当地人交朋友，他们的反应使她非常惊奇，她对他们的纺织、陶器表示兴趣，他们就把最喜欢但舍不得卖给观光客的纺织品和陶器送给了她。塞尔玛研究那些引人入迷的各种沙漠植物，又学习有关土拨鼠的知识。她观看沙漠日落，还寻找海螺壳——这些海螺壳是几万年前，这沙漠还是海洋时留下来的。原来难以忍受的环境变成了令人兴奋、流连忘返的奇景。

是什么使这位女士内心有这么大的转变？

沙漠没有改变，印第安人也没有改变，但是这位女士的观念改变了，心态改变了。一念之差使她把原先认为恶劣的情况变为一生中最有意义的冒险。她为发现新世界而兴奋不已，并为此写了一本书以《快乐的城堡》为书名出版了。她从自己造的牢房里看出去，终于看到了星星。

 信念感悟

生活中，失败平庸者主要是心态观念有问题。遇到困难他们只是挑选容易的倒退之路。"我不行了，我还是退缩吧。"结果陷入失败的深渊。成功者遇到困难，仍然是积极的心态，用"我要！我能！""一定有办法"等积极的意念鼓励自己，于是便能想尽办法，不断前进，直至成功。爱迪生试验失败几千次，从不退缩，最终成功地创造了照亮世界的电灯。

信念产生工作的激情

信念产生激情，做事要有激情，才不会疲倦。一般人可能认为，成功最需要一个聪明的脑袋，但事实上，对于大多数成功者来讲，聪明并不是第一位的，更重要的是信念，有了信念便有了激情与坚守。信念是一种意识状态，能够鼓舞和激励一个人在工作中采取行动，并不知疲倦地努力下去。

信念焕发生命热忱

博伊尔说，"伟大的创造，离开了热忱是无法做出的。这也正是一切伟大事物激励人心之处。离开了热忱，任何人都算不了什么；而有了热忱，任何人都不可以小觑。"

热忱，是所有伟大成就的取得过程中最具有活力的因素。它融入了每一项发明、每一幅书画、每一尊雕塑、每一首伟大的诗、每一部让世人惊叹的小说或文章当中。它是一种精神的力量。在那些为个人的感官享受所支配的人身上，你是不会发现这种热忱的。它的本质就是一种积极向上的力量。

1907 年，后来成为美国著名的人寿保险推销员的法兰克·派特刚转入职业棒球界不久，就遭到有生以来最大的打击，因为他被开除了。他的动作无力，因此球队的经理有意要他走人。球队的经理对他说："你这样慢吞吞的，哪像是在球场混了 20 年？法兰克，离开这里之后，无论你到哪里做任何事，若不提起精神来，你将永远不会有出路。"

本来法兰克的月薪是 175 美元，离开原来的球队之后，他加入了亚特兰斯克球队，月薪减为 25 美元。薪水这么少，法兰克做事当然没有热情，但他决心努力试一试。待了大约 10 天之后，一位名叫丁尼·密亨的老队员把法兰克介绍到新凡去。

在新凡的第一天，法兰克的一生有了一个重要的转变。因为在那个地方没有人知道他过去的情形，法兰克决心变成新英格兰最具热忱的球员。

法兰克一上场，就好像全身带电。他强力地投出高速球，使接球的人双手都麻木了。有一次，法兰克以强烈的气势冲入三垒。那位三垒手吓呆了，球漏接，法兰克就盗垒成功了。当时气温高达 39 摄氏度，法兰克在球场奔来跑去，极可能因中暑而倒下去，但他在热忱支持下，挺住了。

这种热忱所带来的结果，真令人吃惊。

第二天早晨，法兰克读报的时候，兴奋得无以复加。报上说，那位新加进来的派特，无异是一个霹雳球，全队的人受到他的影响，都充满了活力。他们不但赢了，而且是本季最精彩的一场比赛。

由于热忱的态度，法兰克的月薪由 25 美元提高为 185 美元，增加了 7 倍。

在往后的 2 年里，法兰克一直担任三垒手，薪水加到 30 倍之多。为什么呢？

法兰克自己说："这是因为一股热忱，没有别的原因。"

后来，法兰克的手臂受了伤，不得不放弃打棒球。接着，他到菲特列人寿保险公司当保险员，整整一年多都没有什么成绩，他因此很苦闷。但后来他又变得热忱起来，就像当年打棒球那样。

再后来，他是人寿保险界的大红人。不但有人请他撰稿，还有人请他演讲介绍自己的经验。他说："我从事推销已经 15 年了。我见到许多人，由于对工作抱着热忱的态度，使他们的收入成倍地增加起来。我也见到另一些人，由于缺乏热忱而走投无路。我深信唯有热忱的态度，才是成功推销的最重要因素。"

一个人只有热爱生活，热爱生命，才能为自己的事业倾注足够的热忱，才能在自己的领域中作出杰出的成就。法兰克正是由于对生活、对生命充满热忱，才在人生最惨淡的时候，让生命充满活力。

信念感悟

> 热忱，使我们的决心更坚定；热忱，使我们的意志更坚强！它给思想以力量，促使我们立刻行动，直到把可能变成现实。因此，拥有生命的我们，一定要使生命充满活力和热忱。

热情是工作的灵魂

发明家、画家、音乐家、诗人、作家、人类文明的先行者、大企业的创立者——无论他们来自什么种族、什么地区，无论在什么时代——那些推进着人类文明发展的人们，无不是充满热情的人。

著名音乐家亨德尔年幼时，家人不准他去碰乐器，不让他去上学，哪怕是学习一个音符。但这一切又有什么用呢？他在半夜里悄悄地跑到秘密的阁楼里去弹钢琴。莫扎特孩提时，成天要做大量的苦工，但是到了晚上他就偷偷地去教堂聆听风琴演奏，将他的全部身心都融化在音乐之中。

巴赫年幼时只能在月光底下抄写学习的东西，连点一支蜡烛的要求也被蛮横地拒绝了。当那些手抄的资料被没收后，他依然没有灰心丧气。同样地，皮鞭和责骂反而使儿童时代就充满热情的奥利·布尔更专注地投入到他的小提琴曲中去。

没有热情，军队就不能打胜仗，雕塑就不会栩栩如生，音乐就不会如此动人，诗歌就不能打动人的心灵，人类就没有驾驭自然的力量，给人们留下深刻印象的雄伟建筑就不会拔地而起，这个世界上也就不会有慷慨无私的爱。

安徒生的家庭贫困不堪。父亲是个鞋匠，生意清淡，母亲靠为人洗衣服挣点钱贴补家用。一家人常常为了生计问题而愁眉不展，安徒生在贫困和孤寂中度过了自己的童年。父亲把一切希望寄托在独生儿子身上。他对儿子说："我的命苦，没有得到念书的机会，你一定要有志气，争取学些文化，使自己成为有知识的人。"

父亲在贫困的生活环境中没有忘掉对儿子的启蒙教育。在他家那唯一的一间狭小的房子里，只有一张做鞋用的工作凳、一张用棺材架改装的床和安徒生晚间用来睡觉的一张凳子。但父亲却为儿子布置了一个艺术的环境：墙上挂了许多图画和装饰品，架子上摆了不少玩具，工作凳旁还有一个矮书桌，上面放有书籍和歌谱，门上贴着一幅风景画。

父亲常在劳动之余抽时间陪安徒生玩。为了排解儿子的寂寞，他常常给小安徒生讲一些《一千零一夜》中的古代阿拉伯的传说。有时，为了调节一下气氛，父亲还特地给小安徒生念一段丹麦著名喜剧作家荷尔堡的剧本，或者朗诵莎士比亚戏剧中的章节。这些剧本里的故事启发了安徒生，他经常把大人们讲的故事通过自己的设想演绎成新的故事。他幻想自己是个戏剧导演，并把橱窗上父亲雕刻的木偶人打扮成剧中人物，做各种戏剧表演。他还根据自己的现实生活，开始编木偶戏。

为了丰富安徒生的精神世界，父亲带他外出观察各种人物神态及行为举止。他看到在这个世界里活动着生意人、手艺人、店员、乞丐、贵族、地主、市长和牧师。他不理解为什么这些人之间生活水平相差那么大。

1815 年冬天，安徒生的父亲因病去世。由于母亲每天必须外出替人家洗衣服，孤单的安徒生只好白天独自呆在家里玩木偶戏，有时也到一个同情他的邻居家玩一会儿。在那里，他第一次听到"诗人"这个名词。邻居知道他喜欢演戏，偶尔也给他谈起一些他未听说过的剧作家和剧本的名字，这更激起了他对戏剧的想象。

14 岁那年，哥本哈根皇家歌剧院有个剧团到奥登塞来演出。安徒生跟一个派发节目单的人交上了朋友，由此他得到了躲在后台的一个角落偷偷看戏的机会。他发现了一个新的天地，因此决心要当一名艺术家。1819 年 9 月 5 日，安徒生拒绝了母亲要他到一个裁缝店里当学徒的安排，只身来到哥本哈根。历经多次碰壁后，安徒生想当演员的希望成为泡影。后来，经皇家剧院负责人拉贝尔安排，他阅读了不少著名诗人和作家的作品，写了很多诗作和剧本。此后，安徒生便进入了创作旺盛期。

热情是生活的灵魂，甚至就是生活本身。年轻人如果不能从每天的学习与生活中找到乐趣，仅仅是因为要生存才不得不学习，仅仅是为了生存才不得不完成学业，这样的人注定是要失败的。

工作也是一种娱乐

每天不知会有多少人把自己辛苦得来的新构想取消，因为他们不敢行动。过了一段时间，这些构想又会回来折磨他们。那么，面对这种情况我们怎么办呢？其实答案是非常明显的，由于我们每天都要工作，可选择的态度只有两种，一种是马克·吐温所说的，"我根本不用做任何工作就能谋生，我以书籍和杂志的写作工作为乐，对我而言这就跟打台球一样有趣"。对他而言，工作根本不是在工作，而是一种乐趣。马克·吐温多部传世的作品，便是他的工作哲学的最好印证。

另一种态度则是把工作作为日复一日的劳役，像西西弗斯王一样，每天推动着庞大的巨石滑落山谷。他每天都在重复这样的过程，所以日复一日做的都是艰辛、枯燥而且毫无乐趣的工作。

曾有人向皮尔·卡丹请教过成功的秘诀，他很坦率地说："创新！先有设想，而后付诸实践，又不断进行自我怀疑。这就是我的成功秘诀。"

19世纪初的一天，23岁的皮尔·卡丹骑着一辆旧自行车，踌躇满志地来到了法国首都巴黎。他先后在"帕坎"、"希亚帕勒里"和"迪奥"这3家巴黎最负盛名的时装店当了5年的学徒。由于他勤奋好学，很快便掌握了从设计、裁剪到缝制的全过程，同时也确立了自己对时装的独特理解。他认为，时装是"心灵的外在体现，是一种和人联系的礼貌标志"。

在巴黎大学的门前，一位年轻漂亮的女大学生引起了皮尔·卡丹的注意。这位姑娘虽然只穿了一件平常的连衣裙，但身材苗条，身体的线条十分优美。皮尔·卡丹心想：这位姑娘如果穿上我设计的服装，定会更加光彩照人。于是，他聘请了20多位年轻漂亮的女大学生，组成了一支业余时装模特队。

后来，皮尔·卡丹在巴黎举办了一场别开生面的时装展示会。伴随着优美的旋律，身穿各式时装的模特逐个登场，顿时令全场的人耳目一新。时装模特的精彩表演，使皮尔·卡丹的展示会获得了意外的成功，巴黎所有的报纸几乎都报道了这次展示会的盛况，订单雪片般地飞来。皮尔·卡丹第一次体验到了成功的喜悦。

在服装业中取得辉煌的成功之后，皮尔·卡丹又把目光投向了新的领域。他在巴黎创建了"皮尔·卡丹文化中心"，里面设有影院、画廊、工艺美术拍卖行、歌剧院等，成为巴黎的一大景观。

那时巴黎有一家高级餐馆"马克西姆餐厅"濒临破产。这家餐厅建于1893年，历史悠久，当店主打算拍卖时，美国、沙特阿拉伯等国家的大财团都企图买下。皮尔·卡丹不想让法国历史上有名的餐厅落到外国人手上，于是，他用150万美元的高价，买下了马克西姆餐厅。

皮尔·卡丹将简单的来餐厅用餐提高到一种生活享受的高度，他不仅让客人品尝到驰名世界的法式大菜，同时也让客人享受到马克西姆高水平、有特色的服务。经过皮尔·卡丹的精心打理，3年后，马克西姆餐厅竟然奇迹般地复活了。它不但恢复了昔日的光彩，而且扬名世界。

从一个小裁缝走向亿万富翁，皮尔·卡丹创造了一个商业王国的传奇。而所有这一切都是他用每天工作18个小时的代价换来的。"我的娱乐就是我的工作！"在皮尔·卡丹的那间绿色办公室里，有一个地球仪，这个没有时间娱乐的大师也许可以从中数清楚他的帝国在地球上有多少个站点。他从中感到了一种巨大的满足，一种生活的乐趣。

信念感悟

　　把学习当作娱乐，目光远大，善于控制约束自己，以苦作乐，才能取得骄人的成绩。

　　成功者乐于学习，并且能将这份喜悦传递给他人，使大家不由自主地接近你，乐于与你相处或合作。充满乐趣的学习心态一定会产生更多的成果，它会伴你走向成功的彼岸。

要勇敢地抓住每一个机会

　　爱迪生说过："如果你成功地选择劳动，并把自己的全部精神灌注到它里面去，那么幸福本身就会找到你。"知道自己工作的意义和责任，并永远保持一种自动自发的工作态度，这是那些成就大业之人和凡事得过且过的人最根本的区别。

　　据英国广播公司报道，22 岁的美国黑人小伙子法拉·格雷是知名的"商界神童"。他 6 岁白手起家搞推销，14 岁时就成了百万富翁。如今，他的生意已扩大到通信、食品、出版等领域，他本人还主持广播和电视节目，在纽约和拉斯维加斯都拥有办公室。

　　格雷出生于芝加哥一个普通的单亲家庭，是 5 个兄弟姊妹中最小的一个。据悉，格雷 6 岁那年，母亲患上了很严重的心脏病。格雷心疼母亲，渴望能帮助她减轻生活负担。但是，没有人敢雇用他这个 6 岁的"童工"。

　　格雷无奈，只得苦思冥想，终于发现了一个赚钱的方法——推销润肤露。格雷说："我请妈妈帮我低价批发到一些润肤露，然后挨家挨户地进行推销。有人开门后，我会握着他（她）的手说：'您好，我叫法拉·格雷，您愿意买下这瓶润肤露吗？它只要 1.5 美元。'通常，主妇们一看到我恳切的眼神，都会说：'好吧，我买。'"

　　有了一些积累后，8 岁那年，格雷创建了自己的"商业俱乐部"。他向当地的商人寻求资助，请求他们提供车辆和开会场所，以便让他和其他儿童一起切磋经商"秘诀"。格雷说："刚开始，我总是遭到别人的拒绝，他们一看到我就关门。但我总算通过'五人策略'募集到了 1.5 万美元的投资。所谓'五人策略'就是如果你拒绝我的请求，那么请你给我介绍 5 个可能会接受我请求的人。"通过募捐得来的钱，格雷和他的伙伴们做起了销售饼干和礼品卡的生意。

　　格雷一家搬到拉斯维加斯后，他的经商本领引起了当地媒体的关注。很快，格雷受邀到脱口秀节目中接受采访。后来，他自己也成了一名脱口秀节目主持人。那年，他只有 12 岁。虽然年龄小，但格雷的口才却不逊于大人们，没过多久，就连许多机构都开始约他进行演讲，他的预约表排了一长串，而且每场演讲的报酬高达 5000～10000 美元。格雷说："我的电话总是响个不停，人们想知道，你是如何建立自己的俱乐部的？你是怎样成为一名脱口秀节目主持人的？他们说：'来给我们老年人组织，或年轻人组织讲讲你的成功史吧，这儿有一张支票等着你。'"

有一次，格雷看了祖母做果汁的过程后，灵机一动，立即决定建立一家食品公司。他说："我是一边看书一边学习如何经营一家食品公司的。"靠着这家食品公司和其他生意上的收入，14 岁的时候，格雷就成了一名百万富翁。那年，他给家里买了一栋房子，让母亲住得更舒服些。

2004 年，20 岁的格雷出版了与人合著的书《白手起家的百万富翁：9 个步骤使你变得有钱》。书中列出了他的经验之谈：爱惜你的名声，永远不要害怕被拒绝，建立智囊团，抓住每一个机会，跟随潮流但有自己的目标，对失败做好心理准备，花时间学习，热爱你的顾客，永远不要轻视人脉的作用。

 **信念感悟**

世界上许多伟大事业的成功者都属于那些敢想敢做敢失败的人，而那些所谓智力超群、才华横溢的人却因瞻前顾后，不知取舍而终无所获。我们常听说，天才、运气、机会、智慧是成功的关键因素，但更多的人失败是因为有三件事没有做到位，即"缺乏敢想的勇气，缺少敢做的能力，没有敢成败的决心"。

信念激发工作热情

从工作中获得快乐、成功以及满足感的秘诀，并不在于专挑自己喜欢的事情做，而是喜欢自己所从事的工作，而这个选择权在你手中。你可以像马克·吐温一样，这辈子都不用"工作"。而有些人，或许工作了一辈子，也体会不到工作的乐趣。相反，工作还成了他的一项沉重的负担，令他苦不堪言。

如果你在工作中也有这种感觉，不妨看一看下面这封信。

亲爱的小约翰：

你工作已经快三年了，很高兴看到你在不断地进步，真让我为你感到自豪。你在信中说最近读了不少书，想借此拓宽自己的视野，为将来从事公司的经营管理做好准备。这说明你已经准备好向更高的目标攀登，这是一个好现象。我也通过这么多年的亲身体验给你一些建议。

你一定要学会从别人的错误中去学习，因为一个人根本没有足够的时间去经历所有的失败，在读书方面也是如此。如果你能依此学习他人的经验，发挥其有利的一面，在处理各种各样的事情时，最好提前阅读一下先行者们留下来的宝典奇文。

如果你能够做到每月读一本书，那么你就向正确的人生方向迈进了一步。我曾经努力学习英国文学，也达到了作为一个绅士所应该具备的条件。我最喜欢阅读培根、莎士比亚、伯恩斯的作品，其他人的作品我很少看。但是有很多类似的诗篇深深地刻在我的内心深处，当然还有法国文学，尤其是《蒙田论生活》，它把我带入了一个全新的世界。

当我如饥似渴阅读这些故事时，我就像处于一个奇幻的境地，书中的宝藏比金银岛上和加勒比海盗掠夺来的珠宝多，更重要的是，生活中的每一天你都能享用他们。

仿佛在地牢的墙上开了扇窗户，从此我知道阳光一直照耀着我。我把书随身带着，抓住上班时的一点空隙来阅读。每天的劳苦工作，值班时的难熬长夜，都因为书而显得微不足道。就这样，我渐渐熟悉了麦考利的散文和历史著作。对于班克罗夫特的《美国史》，我看得比其他书都要用心。兰姆的作品更带给我极大的愉悦。

记得我刚离开学校时，我认为是应该开创一条新路的时候了，我希望去生活、学习、成长。我打点好行囊，带着惠特曼的诗、托马斯·霍尔夫的《你再不能返家》，以及爱默生的《论成功》，踏上西行的未知之路。

我在人生的这一阶段仅仅依靠阅读，就觉得自己经历过十余回的人生，但我并不因此而有任何优越感。正因为如此，才觉得自己更应该有效合理地利用上帝所给予的时间。而在某种意义上，如果一个人生活在一个小小的封闭社会之中，无论自己有所期望还是没有希望，对外面的世界缺少实际考察的机会，又无法通过阅读来获得知识，那么他们又何谈对人生的了解呢？我为他们感到可怜。在无知中死去的人又何其多啊！这是一件让人觉得可怕的事情！

然而，读书不能以数量来衡量，有的人虽然读了很多的书，但大部分都是小说，他们认为这样可以使人生得到宽慰；也有不少人在阅读非虚构性作品时，从未感觉到它除了轻松还有什么效果。而且，在这个世界上必须学习的东西实在太多了，比小说更加让人感觉有趣的事实在太多了。想起这一点，自然会觉得阅读某人的白日梦是何等浪费时间。

我进入商界以后，在环境的影响下，切实感受到了阅读的重要。通过阅读可以磨炼经营手段，简而言之，就是读人。历史是针对人而写的，而且在现在也广为流传，有关工作压力、投资、食疗、运动、飞艇安全操作等方面不胜枚举的图书，那是针对人以及人的思维和行动的。一个企业家如果想使自己的经营水平提升到一个以前没有企及、不可估量的水平，就应该对更广范围内的人们进行阅读了解。

这个世界上真正新鲜的事并不太多，人生的很多方面就是反反复复。要想掌握好自己的人生航舵，我建议你不妨读些历史书，学习我们的祖先在正常或异常的事态中如何苦干，达到挑战的目标或征服目标的经验。人生中的许多历史往往是惊人的相似，许多事情都是重复的。我们想要知道的很多方法都已经被人们所尝试和证实，并且已经归纳在书上等待着你去研读。

或许正是我花了一定的时间与耐力进行阅读的缘故，与从不读书的同辈人比起来，跟学历比我高的人比起来，我拥有了一个相当有利的起点，最后我还要向你赠送一句圣托马斯·阿奎纳的话："小心那些只读过一本书的人。"

所以说，世上任何事情，如果不下决心去做，就永远没有成功的希望，要想获得成功，就非得打定主意专心致志地去做不可。正如安德鲁·卡耐基所言："如果一个人不能在他的工作中找出点罗曼蒂克来，这不能怪罪于工作本身，而只能归咎于做这项工作的人。"

快乐中工作，把工作当成乐趣的理念，能够使我们的工作，以及使我们的整个生活充满乐趣，虽然它并不能发动我们全部的积极性，但它却给我们提供了向正确航线前进的可能。

"我选择好好享受乐趣，享受乐趣能够创造出愉快的气氛。愉快的气氛会让人想要参与，参与则能够凝聚注意力，凝聚注意力有助于提升认知，提升认知能够激发出独到的见解，独到的见解能够产生知识，知识有助于行动，行动则能够创造出成果"。

约翰·马克斯韦尔以这段颇具思辨意味的话，给工作的乐趣做了最好的诠释。

如果你掌握了话中的真意，将乐趣与自己的工作恰当地结合在一起，那么，你的工作一定不再显得辛苦和单调，而且做事也会事半功倍。

 **信念感悟**

> 学习不仅是为了满足生存的需要，同时也是为了实现个人人生价值的需要。一个人不可能无所事事地终老一生，无论做什么，都要乐在其中，而且要真心热爱自己所做的事，并将它们转化成一种享受和乐趣。

不是为了薪水做事

能力比金钱重要万倍，因为它不会遗失也不会被偷。如果你有机会去研究那些成功人士，就会发现他们并非始终高居事业的顶峰。在他们的一生中，曾数次攀上顶峰又坠落谷底，虽起伏跌宕，但是有一种东西永远伴随着他们，那就是能力。能力会帮助他们重返巅峰，俯瞰人生。

很多刚踏上工作岗位的新人，或多或少地会有这样的牢骚："老板给我的待遇太低了，薪水这么一点点，我才不会给他好好干呢。……工作嘛，又不是为自己干，说得过去就行了。"这种"我不过是在为老板打工"的想法具有很强的代表性：在许多人看来，工作只是一种简单的雇佣关系，做多做少，做好做坏，对自己意义不大。事实呢？在工作中，你不仅学到了经验，还积累了资源，增加了阅历，如果你一直抱着我是为老板工作的心理，最终吃亏的不会是老板，而是你自己。

想要成为老板眼中的"重磅人才"，就不要和别人一样抱着"我是在为老板打工"的思想。你是在为企业工作，其实更是在为自己工作，这样的人才会成为老板的心腹。这样我们的人生才会更辉煌，生命才会更有价值。

在美国，有一个年轻人取得博士学位后，却总是因为工作岗位与自己的学历不相符而每天都奔波在寻职的路上。最后，为了生计，他以大专的学历在一家制造燃油机的企业担任检验员，薪水比普通工人还低。

工作半个月后，他发现该公司生产成本高、产品质量差，于是他便不遗余力地说服公司老板推行改革以占领市场。

身边的同事对他说："你看你的薪水，你为什么要这么卖劲呢？"他笑道："我是在为自己工作，我很快乐。"

几个月后，这个年轻人晋升为副经理，薪水翻了几倍，尤为重要的是这几个月的改革，让企业的利润增加了几千万美元的收入。

不要为薪水而工作，因为薪水只是工作的一种报偿方式，虽然是最直接的一种，但也是最短视的。一个人如果只为薪水而工作，没有更高尚的目标，并不是一种好的人生选择，受害最深的不是别人，而是他自己。

不为薪水而工作，工作所给予你的要比你为它付出的更多。如果你一直努力工作，一直在进步，你就会有一个良好的、没有污点的人生记录，使你在公司甚至整个行业拥有一个好名声，良好的声誉将陪伴你一生。

一个人如果总是为自己到底能拿多少工资而大伤脑筋的话，他又怎么能看到工资背后可能获得的成长机会呢？他又怎么能意识到从工作中获得的技能和经验，对自己的未来将会产生多么大的影响呢？这样的人只会无形中将自己困在装着工资的信封里，永远也不懂自己真正需要什么。

 信念感悟

> 只有抱着"为自己学习"的心态，才能心平气和地将手中的事情做好，赢得社会的尊重，实现自己的价值。

试着喜欢你的任务与职责

一个企业管理者曾说："如果你能真正地钉好一枚纽扣，应该比你缝制出一件粗制的衣服更有价值。"事实上，只有那些尽职尽责工作的人，才能被赋予更多的使命，才能更容易的走向成功。

事实上，不管做什么事都需要全心全意、尽职尽责，因为尽职尽责正

是培养敬业精神的土壤。如果一个人在工作中没有了职责和理想，他的生活就会变得毫无意义。所以，不管从事什么样的工作，平凡的也好，令人羡慕的也好，都应该尽心尽责，在敬业的基础上取得不断进步。

从平凡到杰出，一个邮差的故事改变了2亿美国人的观念。如今邮差弗雷德的故事已印成手册，全球许多著名企业中几乎人手一册。

职业演说家马克·桑布恩在美国丹佛的华盛顿公园附近一个小区买了一套房子，迁入几天后，有人敲开了他的房门。来人微笑着向他介绍自己："我的名字叫弗雷德，是这里的邮差。我顺道来看看，向您表示欢迎，同时也对您有所了解，比如您所从事的行业。"

马克·桑布恩感到很惊讶，他收了一辈子的邮件，还是第一次碰见邮差做这样的自我介绍，但这确实使他心中一暖。他很配合地告诉邮差："我是个职业演说家，这算不上真正的工作。"

"那么，您肯定要经常出差旅行了！"邮差问道，脸上始终浮着真诚的微笑。

"是的，的确如此，我一年总要有160天到200天出门在外。"演说家如实回答。

邮差点点头，继续说："既然如此，最好您能给我一份您的日程表，您不在家的时候我可以把您的信暂时代为保管，打包放好，等您在家时再送过来。"

这份"超乎寻常"的热情让演说家太吃惊了！他婉言谢绝道："把信件放进房前的邮箱里就可以了，我回家的时候再取也一样的。"

但邮差并没有因为自己出力不讨好的建议而退却，他真诚地解释道："桑布恩先生，窃贼经常会窥探住户的邮箱，如果发现是满的，就表明主人不在家，那窃贼就可能要趁虚而入了。"

演说家尚未来得及说什么，邮差继续道："我看不如这样，只要邮箱的盖子还能盖上，我就把信放到里面，别人不会看出你不在家。塞不进邮箱的邮件，我搁在房门和栅门之间，从外面看不见，如果那里也放满了，我就把其他的信留着，等你回来。"

邮差的建议听起来完美无缺，演说家没有理由不同意。两周后，演说家出差回来，发现门口的擦鞋垫不见了。难道在丹佛连擦鞋垫都有人偷？不大可能。

他转头一看，擦鞋垫跑到门廊的角落了，下面遮盖着什么东西。他走过去拿开擦鞋垫，露出一个包裹来，上面还贴上一张纸条，是那位叫弗雷德的邮差留下来的。事情是这样的：在演说家出差期间，美国联合包裹服务公司（UPS）误送了他的这个包裹，给放到沿街再向前第5家的门廊上，弗雷德发现后把它捡起来，送到演说家的住处，又费心用擦鞋垫把它遮住，以避人耳目。

演说家被弗雷德的行为——人性化的贴心服务震撼了，他已经不仅仅是在送信，他还做了本来属于UPS分内应该做好的事！演说家还了解到，弗雷德在他搬来之前一直都是这样快乐、认真地负责这个小区的服务。

十几年后的今天，邮差弗雷德的故事通过职业演说家马克·桑布恩的传播，在美国家喻户晓，各行各业的人们都从他那里获得启示。弗雷德为所有渴望在工作中有所作为的人树立了榜样：做自己心里认为正确的事，不计较是否能得到承认和回报。无论是在全球顶尖的大公司，还是在一些正在成长中的小企业，"邮差弗雷德"这5个字已经成为创新服务和增值服务的代名词。有的企业每年都设立"弗雷德奖"，专门鼓励那些在服务、创新和尽责上有同样精神的员工。

 **信念感悟**

无论你所做的是什么样的事情。只要你能认真地勇敢地担负起责任，你所做的就是有价值的，你就会获得尊重和敬意。尽职尽责不在于做事的类别，而在于做事的人。只要你想，你愿意，你就会做得很好。

缺陷也是美

当你认为自己有能力的话，你就会觉得各方面只要经过自己努力就能取得成功。因为这个世界上没有任何人能够改变你，只有你能改变自己，也没有任何人能够打败你，除了你自己。因此，无论你自身条件如何恶劣，只要你拥有积极的心态，就会达到成功的彼岸。美国总统富兰克林·罗斯

福就是以积极的心态成就事业。

富兰克林·罗斯福8岁的时候是一个脆弱胆小的男孩，脸上总是一种惊惧的表情，呼吸就像喘气一样。如果被喊起来背诵，他立即会双腿发抖，嘴唇颤动不已，回答得含糊不连贯，然后颓废地坐下来。如果他有好看的面孔，也许就会好一点，但他却是龅牙。像他这样的小孩，自我感觉很敏锐，回避任何活动，不喜欢交朋友，成为一个只知自怜的人。

虽然他有些缺陷，却有着一种积极、乐观、进取的心态，这激发了他的奋发精神。他的缺陷促使他更努力地去奋斗，他不因为同伴对他的嘲笑便丧失了勇气，他喘气的习惯变成一种坚定的嘶声。他用坚强的意志，咬紧自己的牙使嘴唇不颤动来克服他的惧怕。凭着这种坚持，他终于成为美国总统。

他不因自己的缺陷而气馁，他甚至加以利用，变其为资本，变为扶梯从而爬到成功的巅顶。在他的晚年，已经很少有人知道他曾有严重的缺陷。美国人民都爱他，他成为美国第一个最得人心的总统，这种情况是以前未曾有过的。而他之所以伟大，却是他身上先天的缺陷促使他毫不灰心地干下去，直到成功的日子到来。像他这样的人，如果停止奋斗而自甘堕落，那将是什么结果呢！但是他却不这么做。

他看见别的强壮的孩子玩游戏，游泳，骑马，做各种极难的体育活动时，他也强迫自己去参加，使自己变为最能吃苦耐劳的典范。他看见别的孩子用刚毅的态度对付困难、克服惧怕的情形时，他也就用一种探险的精神，去对付所遇到的可怕的环境。如此，他也觉得自己勇敢了。当他和别人在一起的时候，他觉得他喜欢他们并不愿意回避他们。由于他对人感兴趣，自卑的感觉便无从发生。

他觉得当他用"快乐"这两个字去和别人交往时，就不觉得惧怕别人了。

在他进大学时，他利用假期在亚利桑那追赶牛群，在落基山猎熊，在非洲打狮子，使自己变得强壮有力。有人会疑心这是西班牙战争中马队的领袖罗斯福的精力吗？有人对于他的勇敢发生过疑问吗？然而千真万确，罗斯福便是那个曾经体弱惧怕的小孩。

> 罗斯福使自己成功的方式简单有效,这是每个人都可以实行的。罗斯福成功的主要因素在于他的心态和信念。正是他这种积极的心态激励他去努力奋斗,最后终于从不幸的环境中找到了成功的秘诀。

热忱是最强劲的兴奋剂

成功与其说是取决于人的才能,不如说取决于人的热忱与脚踏实地。这个世界为那些具有真正的使命感和自信心的人大开绿灯,到生命终结的时候,他们依然热情不减当年。无论出现什么困难,无论前途看起来是多么的暗淡,他们总是相信能够把心目中的理想图景变成现实。

司马光在政治上是保守的,但在史学方面的成就是辉煌的。他主编的《资治通鉴》同西汉司马迁的《史记》是史学史上的两颗明珠,至今仍为世人所推崇。

《资治通鉴》记载了上起战国周烈王、下至五代周世宗的1363年的历史,全书294卷,还有考异、目录各30卷。其规模之大,令人叹服。

司马光为编定《资治通鉴》翻阅了大量的书籍资料。宋神宗允许他借阅"集贤"、"昭文"、"史馆"三大书库的所有书籍,并特许可借阅"龙图阁、天章阁及秘阁"的藏书。宋神宗还将自己私藏的2400余卷书拿出来,供司马光参考。除此之外,司马光还参阅了大量的野史、谱录、正集、别集、墓志等资料,共222种,计3000多万字。

司马光学风严谨,对自己要求很严格。他为自己规定,每三天修改一卷。一卷史稿四丈长,平均一天修改一丈多,若遇事耽误了,事后必须补上。每天晚上他总是让老仆人先睡,自己点灯工作到深夜,第二天凌晨又起来继续工作。天天如此,19年如一日。夜里,他怕因困乏睡过了头,便让人用圆木做了个枕头,木枕光滑,稍稍一动,头即落枕,人便惊醒。后

人称此枕为"警枕"。司马光的住处，夏天闷热，无法工作，司马光便让人在屋子里挖一个大坑，砌成一间地下室。地下室冬暖夏凉，成了他编书的好地方。而当时的大官僚王宣徽每到夏天便到他名园的高楼上避暑享受，人们笑说："王家钻天、司马入地。"司马光修改过的书稿堆满了整整两间屋子。书法家黄庭坚曾看过其中的几百卷，发现这些书稿全部是用工笔楷书写成的，没有一个草字。

司马光曾问他的好友邵雍："你看我是怎样一个人？"

邵回答说："君实脚踏实地人也"。意思是说司马光研究学问，勤奋刻苦，踏实认真。这就是"脚踏实地"成语的来源。

司马光为编写《资治通鉴》用了19年时间，开始编写时，司马光48岁，编完时，已是67岁的老人了。这19年，司马光长期的伏案工作，耗尽了他的心血，刚过60岁，他便视力衰退，牙齿脱落，面容憔悴。《资治通鉴》写成后，还没等出版，司马光便与世长辞了。为了悼念这位伟大的史学家，皇帝宋哲宗亲自临丧，并下旨为他举行隆重的官葬。他家乡山西夏县的人们为纪念他，特为他建了墓碑亭，树起一块巨碑，这块巨碑连同底座高达9米，比帝王神道碑和墓碑还要高大。碑额刻有宋哲宗的御篆"忠清粹德之碑"字样，大文学家苏东坡为其撰写了碑文。

一个人工作时，如果能以精益求精的态度，火焰般的热忱，脚踏实地地去做好一件事情，那么不论做什么样的工作，都不会觉得辛劳。司马光就是这样，勤勤恳恳地去完成《资治通鉴》，没有抱怨，没有厌烦，而是满腔热忱，坚持去做。

信念感悟

如果我们能以满腔的热忱去做最平凡的事情，也能成为有成就的人；如果以冷淡的态度去做不平凡的事情，绝不可能成为有成就的人。各行各业都有发展才能的机会，没有哪一项工作是可以藐视的。

信念让我们勤奋努力

信念给我们无穷的内在力量，只要我们坚定了信念，就会为目标而努力奋斗，就会更加刻苦努力，去实现我们心中的愿望。

要做一个真正的成功者

如果你觉得自己是个天才，如果你觉得"一切都会顺理成章地得到"，那真是太不幸了。你应该尽快放弃这种想法，一定要意识到：只有勤奋地工作才会使你获得自己想要的东西，在有助于成功的种种因素中，勤奋工作总是最有效的。

"有一个理念，会遭到虚度岁月的人、无知的人和游手好闲的人的强烈反对，"雷诺兹说，"我却不厌其烦地重复它。那就是：你千万不要依靠自己的天赋。如果你有着很高的才华，勤奋会让它绽放无限光彩。如果说你智力平庸，能力一般，勤奋可以弥补全部的不足。如果目标明确，方法得当，勤奋会让你硕果累累。没有勤奋工作，你终将一无所获"。

在美国耶鲁大学 300 周年校庆之际，全球第二大软件公司"甲骨文"的行政总裁、世界第四富豪艾里森应邀参加典礼。艾里森当着耶鲁大学校长、教师、校友、毕业生的面，说出一番惊世骇俗的言论。他说："所有哈佛大学、耶鲁大学等名校的师生都自以为是成功者，其实你们全都是失败者，因为你们以在有过比尔·盖茨等优秀学生的大学念书为荣，但比尔·盖茨却并不以在哈佛读过书为荣。"

这番话令全场听众目瞪口呆。至今为止，像哈佛、耶鲁这样的名校从来都是令几乎所有人敬畏和神往的，艾里森也太狂妄了点吧，居然敢把那

些骄傲的名校师生称为"失败者"。这还不算，艾里森接着说："众多最优秀的人才非但不以哈佛、耶鲁为荣，而且常常坚决地舍弃那种荣耀。世界第一富比尔·盖茨，中途从哈佛退学；世界第二富保尔·艾伦，根本就没上过大学；世界第四富，就是我艾里森，被耶鲁大学开除；世界第八富戴尔，只读过一年大学；微软总裁斯蒂夫·鲍尔默在财富榜上大概排在十名开外，他与比尔·盖茨是同学，为什么成就差一些呢？因为他是在读了一年研究生后才恋恋不舍地退学的……"

艾里森接着"安慰"那些自尊心受到一点伤害的耶鲁毕业生，他说："不过在座的各位也不要太难过，你们还是很有希望的。你们的希望就是，经过这么多年的努力学习，终于赢得了为我们这些人（退学者、未读大学者、被开除者）打工的机会。"

艾里森的话虽然偏激，但并非全无道理。很多人以出生于一个良好家庭为荣，以进入一所名牌大学读书为荣，以有机会在国际大公司工作为荣。不能说这种荣耀感是不正当的，但如果过分迷恋这种仅仅是因为身份带给你的荣耀，那么人生的境界就不可能提高，事业的格局就不可能太大。当我们陶醉于自己的所谓"成功"时，我们已经被真正的成功者看成了失败者。

信念感悟

> 即便有过人的财富，如果不采取任何有价值的实际行动，最终也会一事无成。真正的成功者能令一个家庭、一所学校、一家公司、一个城市、一个国家乃至全人类以他为荣。但他靠的往往不是后者给他的荣耀和给他提供的优越条件，而是靠个人奋斗！

开心的微笑来自辛勤的劳动

有一位画家，举办过十几次个人展，参加过上百次画展。无论参观者多与否，有没有获奖，他的脸上总是挂着开心的微笑。

在一次朋友聚会上，一位记者问他："你为什么每天都这么开心呢？"

他微笑着反问记者："我为什么要不开心呢？"

而后，他讲了他儿时经历过的一件事情：

我小的时候，兴趣非常广泛，也很要强。画画、拉手风琴、游泳、打篮球，样样都学，还必须都得第一才行。这当然是不可能的。于是，我闷闷不乐，心灰意冷，学习成绩一落千丈。有一次我的期中考试成绩竟排到全班的最后几名。

父亲知道后，并没有责骂我。晚饭之后，父亲找来一个小漏斗和一捧玉米种子，放在桌子上，告诉我说："今晚，我想给你做一个试验。"父亲让我双手放在漏斗下面接着，然后拣起一粒种子投到漏斗里面，种子便顺着漏斗到了我的手里。父亲投了十几次，我的手中也就有了十几粒种子。然后，父亲一次抓起满满一把玉米种子放到漏斗里面，玉米种子相互挤着，竟一粒也没有掉下来。父亲意味深长地对我说："这个漏斗代表你，假如你每天都能做好一件事，每天你就会有一粒种子的收获和快乐。可是，当你想把所有的事情都挤到一起来做，反而连一粒种子也收获不到了。"

二十多年过去了，画家一直铭记着父亲的教诲："每天做好一件事，坦然微笑地面对生活。"

不要四处乱撞，每天做好一件事，脚踏实地地去完成自己想完成的事情。

在英国的"反谷物法"的运动中，柯布敦写信给一个朋友说他自己就像"马一样的工作，片刻不得休息"。布鲁汉是不知劳累、勤勉不息的典范。帕默斯顿这样评价过他，说他一大把年纪的时候还为了成功而拼命地努力着，比起壮年时有过之而无不及。他身上依然保留着年轻时的工作能力与幽默感。

布鲁汉自己也总说，在办公室里忙工作，对他的健康十分有利，工作把他从无聊中解救出来。海威特斯甚至认为，人的"无聊感"是人优于动物的最主要因素——正是想从无聊中带来的难以忍受的痛苦解脱出来，才使人们忙碌起来，这也正是促使人类不断进步的原因。

这种持续充实的工作以及与他人的交往，永远都是人类天性中最好最成熟的一面。很多优秀的人物都是在工作中受到系统训练的人，而非什么天才。实干家在某一领域中造就的勤奋、时间能力以及对时间、劳动效率的把握，都能使他们在另一个领域中有所作为。

信念感悟

> 任何伟大的事业都不是一蹴而就的，只有通过耐心的劳动才能创造出杰作。这个世界真正的天才是那些辛勤劳作的人，没有哪个功名显赫又贤明的伟大人物是不勤劳实干的。

变通赢得一切

现在是一个变革的时代，在整个世界都在变革的大环境下，主动应变胜于被迫改变，这样才能在竞争激烈的商场中立于不败之地。如果把各国企业之间的经济竞争比喻为世界经济大战的话，那么这场大战的核心就是创新大战。我们一起看看下面这位最有价值的 CEO 是如何创新的。

全球头号 CEO 杰克·韦尔奇是于 1981 年接任通用总裁的，在他的领导下，公司取得无数辉煌业绩。通用电气在《财富》杂志"全球最受推崇的公司"的评选中连续三年名列榜首，1998 年位列《财富》排行榜榜首、《福布斯》500 强和《商业周刊》1000 家大公司首位。

1960 年 10 月 17 日，杰克开始了在通用电气公司的职业生涯。

1971 年底，杰克成为通用化学与冶金事业部总经理。原先的通用总裁是雷金纳德·琼斯，这个擅长于科学管理的实业家做事总是一丝不苟。琼斯坚持，挑选继任总裁必须经过对每个候选人长期仔细的考察过程，然后再理性地选出最具资格的人。8 年后，杰克终于通过了琼斯的漫长而严格的考核，成为通用公司副董事长。2 年后，1981 年 4 月，杰克成为通用电气公司最年轻的董事长和首席执行官。那年他 45 岁，而这家有 117 年历史的公司机构臃肿，等级森严，对市场反应迟钝，在全球竞争中正走下坡路。

杰克深知官僚主义和冗员的弊病，从他第一年进入通用时，他就尝到这种体制的恶果，现在终于可以实施自己的计划了。首先，杰克改革的就是内部管理体制，减少管理层次和冗员，将原来 8 个层次减到 4 个层次甚至 3 个层次，并撤换了部分高层管理人员。此后的几年间，砍掉了 25% 的下属企业，削减了 10 多万份工作，将 350 个经营单位裁减合并成 13 个主要的业务部门，卖掉了价值近 100 亿美元的资产，并新添置了 180 亿美元的资产。

当时 IBM 等大公司正大肆宣扬雇员终身制，从通用内部到媒体都对杰克的做法产生了反感或质疑，这是一个"优秀"的企业做的吗？他是不是疯掉了？因为太过强硬的铁腕裁员，杰克被人气愤地冠以"中子弹杰克"的绰号。

这就是杰克的经营理念——"数一数二"市场原则。在全球竞争激烈的市场中，只有在市场上领先对手的企业，才能立于不败之地。任何事业部门存在的条件是在市场上"数一数二"，否则就要被整顿、关闭或出售。竞争，对杰克而言，已不只是获取成功的必由之路，它更是一种每天持续不断的工作状态。竞争越激烈，他的生活就越是充实。他认为："我们每天都在全球竞争战场的刀光剑影中工作。而且在每一回合的打斗之间，甚至片刻休息也没有。"

杰克大刀阔斧的改革，让他自豪的是："在通用，我不能保证每个人都能终身就业，但能保证让他们获得终身的就业能力。"

所有的人都说，创业难，守业更难，但杰克·韦尔奇改变了这个说法，他创造了这个奇迹，将通用这个"百年老店"经营得重放光彩。而他的贡献也远不止于通用一家公司。他所倡导和实行的管理的革命，重新弘扬了为股东创造价值这一企业经营的根本原则，扭转了二战以来国际大企业普遍福利化的倾向，使企业获得了真正的动力。他创造了一个最有益于人才成长的文化，造就的不仅是一代企业家，更造就了一种积极向上的精神，今天的通用成为赫赫有名的"经理人摇篮"、"商界的西点军校"，全球《财富》500 强中有超过 1/3 的 CEO 都是从通用走出。他的管理经验被越来越多的人采纳，几乎成为企业的一种典范模式。

信念感悟

在今天这样一个科技发展的时代，决定企业成败的已不再是企业投入的固定资产数量，而是企业的技术创新、制度创新和管理创新。时代需要创新，创新需要突破既有的思维习惯和陈规陋习，只有勇于突破陈规陋习的人，才能作出更多的创新。

信念欣赏勤奋

善始善终地做事情

一个人无论从事何种职业，都应该尽心尽责，尽自己的最大努力，求得不断的进步。这不仅是工作的原则，也是人生的原则。如果没有了职责和理想，生命就会变得毫无意义。无论你身居何处，如果能全身心投入工作，最后就会获得成功。那些在人生中取得成就的人，一定在某一特定领域里进行过坚持不懈的努力。

萨克斯·康明斯是一位相当称职的、具有高尚的职业道德的编辑。有人曾如此赞美萨克斯编辑水准的不凡："他用蓝铅笔一挥，光秃秃的岩石也能冒出香槟酒米。"

萨克斯在30岁时，就已对编辑业务驾轻就熟，他具有真正的文学感和渊博的文学知识，而且更掌握了许多具体的出版工艺：从设计、出书，直到适当的发行工作，这些确实不易。因为他仅仅是个编辑。

哥伦比亚大学的莫里斯·瓦伦西教授把他的书稿《第三重天》送到萨克斯供职的兰多姆出版社。萨克斯审阅了这部著作。他认为，"对我来说，这是一部明达而深入的研究著作，在内容、风格和学术方面都很丰富，完全应该出版"。他肯定地说："我可以很有把握地说，如果我们不出版这部书，别的出版社也会出版这本书。"

尽管萨克斯对《第三重天》抱有如此充分的自信和热情，《第三重天》还是被他的同事所否定。按一般常规，责任编辑的推荐、力争了无效，书稿退回作者就行了。

然而作为编辑的萨克斯并没有就此撒手，他不忍心让一部确有价值的书稿就此埋没。在给莫里斯的信中，他仍然鼓励作者："我个人认为，你的著作会使牛津大学出版社的书目为之生色不少的，我大力请求把稿子寄给他们。实际上，我很愿意向那个出版社推荐你的书稿。"

当畅销书作家巴德·舒尔伯格写完《在滨水区》的初稿，正要润色付印时，该小说的电影拍摄权已卖出去了。这时，就有个小说、电影一决先后的问题，急如星火，分秒必争。按我们的一句俗话来说，"萝卜快了不洗泥"。萨克斯完全可以尽快推出小说：印小说毕竟要快于拍电影吧！然而，他不，他认为"清样送来了，还得仔细校阅，特别要核实滨水区流行的那些行话是否真有那么回事"。

于是，他把给巴德提供过滨水区真实情况的码头工人布朗请来。"办公室里太乱，人们又太好奇，根本没法工作。在家里干，有这个码头工人在身旁，校对工作的进展会快得多，清样马上就能送出去。"他这样打电话给夫人。于是，一应食宿，均在其家。在这里，作者、编辑、作品素材提供者，融为一体。它体现了作为一个极负责任的编辑的责任感和使命感。

他心里只有作者、作品和读者。对三者无丝毫怠慢，正是一位尽职尽责的编辑最可贵的职业道德和思想素质。

一旦你领悟了全力以赴地工作能消除工作的辛劳这一秘诀，你就掌握了获得成功的原理。即使你的职业是平庸的，如果你处处抱着尽职尽责的态度去工作，也能获得个人极大的成功。如果你想做一个成功的值得上司信任的员工，你就必须尽量追求精确和完美。尽职尽责的对待自己的工作是成功者的必备品质。

 **信念感悟**

　　无论做何事，务必竭尽全力，因为它决定一个人日后事业上的成败，也就握住了成功之门的钥匙。能处处以主动尽职的态度工作，即使从事最平庸的职业也能增添个人的荣耀。

勤奋是点燃智慧的火把

勤奋是点燃智慧的火把。如果齐白石老先生没有近80年的不断创作，就没有一幅幅灵逸的水墨画震惊世界；如果鲁迅先生没有把别人喝咖啡的功夫用在工作上，就没有一颗照亮文坛的巨星冉冉升起；如果高尔基没有在繁重的劳动之余收集蜡烛头，挑灯夜读，就没有《海燕》《母亲》等传世

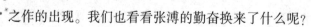

之作的出现。我们也看看张溥的勤奋换来了什么呢？

　　张溥，字天如，号西铭，明神宗万历三十年（1602 年）出生在江苏太仓的一个书香门第。张溥天资较差，常常过目即忘。但张溥小时候并不垂头丧气，而是想办法来克服这个缺点。有一次，他在读书过程中偶尔发现了一篇有关董遇读书的文章，其中"读书百遍其义自见"的一句话给了他很大启发。他想：人家读一篇文章，有个七八遍就能够背诵了，而我读了一二十遍却还只能断断续续地背个大概，这差异不能不承认。可是，我再怎么笨，只要多背几遍，保证每篇文章都读一百遍，不也能记住吗？从此，他就这么做了。

　　古时候的私塾先生要求学生背诵的都是《四书》《五经》之类，而这些枯燥乏味的文章，要重复地读上一百遍，别说一个七八岁的孩子，就是一个大人也会觉得厌烦的。可张溥硬是不厌其烦地坚持下来。口渴了，他就舀一瓢水喝；嗓子哑了，他就把声音放低一点……苦读了一段时间，他终于能连贯地背出文章来了，这使他异常高兴。可是他发现白天背得挺熟的，第二天一觉醒来，又忘得差不多了，这又使他十分焦虑，他决心寻找出一种更为有效的读书方法。

　　因为没有背下文章，张溥被先生罚抄书，他却因此意外地发现，抄书之后自己会背了。从此以后，张溥读书必手抄，读后又随即焚去，再抄，再读，再焚，如此六七次方休。

　　原来天资较差、记性不好的张溥，靠着这种读书"七录"的扎实工夫，终于获得了渊博的学识，成了著名的文学家。他著书立说，思路敏捷，文笔流畅，内容深邃，颇得好评。入选中学语文教材的《五人墓碑记》，即出自张溥之手。

　　高尔基曾经说过，聪明在于积累，天才在于勤奋。

　　也许梦想真的很难实现，但是我们每个人都为梦想而努力着，梦想就是我们的希望，梦想就是我们生命中重要的一部分。当你有了理想，就要为理想付出行动。张溥的勤奋，证明了勤能补拙，证明了一个人只要有了目标，有了坚定的信念，那就一定可以成功。

　　勤奋与成功是怎样一种关系呢？成功来自勤奋，但勤奋不一定会成功。勤奋加思考，这就是成功的关键。

一个人的天资无论怎么聪明，如果没有刻苦勤奋的精神，是难成大器的。人的才能不是天生的，是靠坚持不懈地努力，靠勤奋换来的。勤奋对于个人成长具有重要意义，一个人若想成为一个有用之才就绝不能离开勤奋。因为勤奋是一切成就的基础，勤奋能使学业和事业有所成就。而在勤奋之前，必定要建立自己的信念，没了信念，也就没有勤奋的动力。

坚信自己的目标

成功学的始祖拿破仑·希尔说，一个人能否成功，关键在于他的心态。成功人士与失败人士的差别在于成功人士有积极的心态；而失败人士则运用消极的心态去面对人生。成功人士运用积极心态支配自己的人生，他们始终用积极的思考、乐观的精神和辉煌的经验支配和控制自己的人生，失败人士是受过去的种种失败与疑虑所引导和支配的，他们空虚、悲观失望、消极颓废，最终走向了失败。

法兰克博士是市立大学的心理学教授，虽然已经70高龄了，却保有相当年轻的心态。有个年轻人去采访朱利斯·法兰克博士保持这种心态的秘诀。

"我在好多好多年前遇到过一个中国老人，"法兰克博士解释道，"那是二次大战期间，我在远东地区的俘虏集中营里。那里的情况很糟，简直无法忍受，食物短缺，没有干净的水，放眼所及全是患痢疾、疟疾等疾病的人。有些战俘在烈日下无法忍受身体和心理上的折磨，对他们来说，死已经变成最好的解脱。我自己也想过一死了之，但是有一天，一个人的出现扭转了我的求生意念——一个中国老人。"

年轻人非常专注地听着法兰克博士诉说那天的遭遇。

"那天我坐在囚犯放风的广场上，身心俱疲。我心里正想着，要爬上通

了电的围篱自杀是多么容易的事。一会儿之后，我发现身旁坐了个中国老人，我因为太虚弱了，还恍惚地以为是自己的幻觉。毕竟，在日本的战俘营区里，怎么可能突然出现一个中国人？他转过头来问了我一个问题，一个非常简单的问题，却救了我的命。"

年轻人马上提出自己的疑惑："是什么样的问题可以救人一命呢？"

"他问的问题是，"法兰克博士继续说，"'当你从这里出去之后，第一件想做的事情是什么？'这是我从来没想过的问题，我从来不敢想。但是我心里却有答案：我要再看看我的太太和孩子们。突然间，我认为自己必须活下去，那件事情值得我活着回去做。那个问题救了我一命，因为它给我活下去的理由！从那时起，活下去变得不再那么困难了，因为我知道，我每多活一天，就离战争结束近一点，也离我的梦想近一点。中国老人的问题不只救了我的命，它还教了我从来没学过，却是最重要的　课。"

"是什么？"年轻人问。

"目标的力量。"

"目标？"

"是的，目标，企图，值得奋斗的事。目标给了我们生活的目的和意义。当然，我们也可以没有目标地活着，但是要真正地活着，快乐地活着，我们就必须有生存的目标。伟大的艾德米勒·拜尔德说：'没有目标，日子便会结束，像碎片般地消失。'目标创造出目的和意义。有了目标，我们才知道要往哪里去，去追求些什么。没有目标，生活就会失去方向，而人也成了行尸走肉。人们生活的动机往往来自于两样东西：不是要远离痛苦，就是追求欢愉。目标可以让我们把心思紧紧系在追求欢愉上，而缺乏目标则仅会让我们专注于避免痛苦。同时，目标甚至可以让我们更能够忍受痛苦。"

年轻人犹豫地说："目标怎么让人更能够忍受痛苦呢？"

"嗯，我想想该怎么说……好！好像你肚子痛，每几分钟就会来一次剧烈的疼痛，痛到你会忍不住呻吟起来，这时你有什么感觉？"

"太可怕了，我可以想象。"

"如果疼痛越来越严重，而且间隔的时间越来越短，你有什么感觉？你会紧张还是兴奋？"

"这是什么问题，痛得要死怎么可能还兴奋得起来，除非你是被虐待狂。"

"不，这是个怀孕的女人！这女人忍受着痛苦，她知道最后她会生下一个孩子来。在这种情况下，这女人甚至可能还期待痛苦越来越频繁，因为她知道阵痛越频繁，表示她就快要生了。这种疼痛的背后是含有具体意义的目标，因此使得疼痛可以被忍受。同样的道理，如果你已经有个目标在那儿，你就更能忍受达到目标之前的那段痛苦期。毫无疑问，当时我因为有了活下去的目标，所以使我更有韧性，否则我可能早就撑不下去了。"

信念感悟

> 　　运用积极心态支配自己人生的人，拥有积极奋发、进取、乐观的心态，他们能乐观向上地正确处理人生遇到的各种困难、矛盾和问题。运用悲观心态支配自己人生的人，消极、颓废，不敢也不去积极解决人生所面对的各种问题、矛盾和困难。

勤奋重于天赋

　　人们有一种错误的观点，以为天才不需要勤奋与苦干，这种思想断送了不少人的大好前途。有些年轻人以为，天才才能干出惊天动地的大事，于是，只要自己也是天才的话，不费吹灰之力就会成为伟人。他们甚至认为，天才生来就对规则和体制深恶痛绝，反对束缚，要求"潇洒自如"，对纠缠细节、辛勤劳动不屑一顾，只要轻松一跃，成功就唾手可得。

　　这是些幼稚的看法，根据英国画家雷诺兹的理解："天才除了全身心地专注于自己的目标，进行忘我的工作以外，与常人无异。"

　　曾国藩是中国历史上最有影响力的人物之一，但是他小时候的天赋却不高。有一天曾国藩在家读书，同一篇文章重复不知道多少遍了，还在朗读，因为他还没有背下来。

　　这时候他家来了一个贼，潜伏在屋檐下，希望等他睡觉之后捞点好处。可是等啊等，就是不见他睡觉，还是翻来覆去地读那篇文章。贼人大怒，

跳出来说："这种水平读什么书？"然后将那文章背诵一遍，扬长而去。

贼人是很聪明，至少比曾国藩要聪明，但是他只能成为贼，而曾国藩却成为连毛泽东主席都钦佩的人："近代最有大本大源的人。""勤能补拙是良训，一分辛苦一分收获。"那贼的记忆力真好，听过几遍的文章就能背下来，而且很勇敢，见别人不睡觉居然可以跳出来"大怒"，教训曾国藩之后，还要背书，扬长而去。但是遗憾的是，他的天赋没有加上勤奋，最后不知所终。

一个智商平常的人，只要他认真锻炼自己的能力，掌握必要的技巧，付出艰辛的劳动，同样可以取得成功。一位智者说："一个中等智力水平的人，只要踏踏实实，坚持不懈，也要比反复无常、浅尝辄止的天才更值得尊敬与赞扬。"

众所周知的爱迪生，一生有上千种发明，为人类作出了杰出的贡献。难道因为他是天才吗？不，这是他长期勤奋努力的结果。在发明灯泡时，为了找到合适的灯丝，试验了上千种材料。一次又一次的失败，并没让他气馁，他反而说，失败一次，说明我们距离成功又近了一步。

历史上，有许多伟大的人物并不是生下来就什么都懂，而是靠长年累月地勤奋才取得成功的。没有资料证明成功的人比其他人更聪明，他们的成功是比常人付出更多，是他们更勤奋努力的结果。由此可见，勤奋是成功的基石，成功需要勤奋的积累。一个人的进取和成才，环境、机遇、天赋学识等外部因素固然重要，但更重要的是依赖于自身的勤奋与努力。

比彻曾经说："就我所知，在任何知识领域，从来没有哪一本书、或者哪一部文学作品、或者哪一种艺术流派，没有经过长期艰苦的创作就获得流芳百世的名声。天才需要勤奋，就像勤奋成就天才一样。"

 信念感悟

用你的勤奋去找机会，用你的勇气去面对机会，用你的智慧去创造机会。其实在人的一生中，对一些大的事情、大的问题应该做找机会、抢机会、创造机会的人。

细节成就完美

在工作中，没有任何一件事情，小到可以被抛弃；没有任何一个细节细到应该被忽略。

日本东京贸易公司有一位专门为客户订票的小姐，经常给德国一家公司的商务经理预订往来于东京和大阪之间的火车票。不久，这位经理发现了一件看似非常巧合的事：每次去大阪时，他的座位总是在列车右边的窗口，在回东京时又总是靠左边的窗口。有一次，这位经理把这件事告诉了订票小姐，小姐说："火车去大阪时，富士山在你的右边，返回东京时，它则是在你的左边。我想，外国人都喜欢日本富士山的景色，所以每次我都替你买了不错位置的车票。"

就这么一桩不起眼的小事使德国客户深受感动，并促使他把与这家公司的贸易额由原来的400万马克提高到了1000万马克。

一张小小的车票居然价值600万马克，这样一个小的细节体现了一个服务的信念坚守——坚持做好每一个细节。

所以，不管你正处于"蘑菇"时期，还是你做的工作本身就包括许多琐事，你都应该全心全意做好，这样才会使自己得到成长，才会有加薪和晋升的机会。一个推销员，如果希望有一天能上当业务经理，首要条件是把推销的工作做得有声有色，使业绩超过所有的人，才有机会获得经理职位。

大事是由众多的小细节积累而成的，忽略了细节就难成大事。从细节开始，逐渐锻炼意志，增长智慧，日后才能做大事，而眼高手低者，是永远干不成大事的。通过一个细节，可以折射出你的综合素质，以及你区别于他人的特点。只有赢得了人们的信任，才能得到干大事的机会。

很多的时候，一件看起来微不足道的细节，或者一个毫不起眼的变化便改变了一场战争的胜负。

一位妇女每星期都固定到一家杂货店购买日常用品，在持续购买了3次后，有一次店内的一位服务员对她态度不好，于是她便到其他杂货店购物。10年后，她再度来到这家杂货店，并且决定要告诉老板为何她不再到他的

店里购物。老板很专心地倾听，并且向她道歉。等到这位妇女走后，他拿起计算器计算杂货店的损失。假设这位妇女每周都到店内花 20 美元，那么 10 年她将花费 1 万多美元。

只因为 10 年前的一个小小的疏忽，导致了他的杂货店少做了 1 万多美元的生意！

没有卑微的工作，只有卑微的工作态度，而工作态度取决于我们自己。如果一个人轻视他自己的工作，而且做得很粗陋，那么他也是对自己的不尊敬。如果一个人认为自己的工作琐碎、辛苦，那么他在工作中也就无法发挥他内在的特长。要把自己做的工作看成是创造事业的要素和发展人格的工具，而不要把工作单纯地作为衣食住行的供给者，是生活的代价和不可避免的劳碌，这样才会在工作中找到乐趣。

在开学第一天，苏格拉底对他的学生们说："今天咱们只做一件事，每个人尽量把胳臂往前甩，然后再往后甩。"并做了一遍示范。"从今天开始，每天做 300 下，大家能做到吗？"学生们都笑了，这么简单的事，谁做不到？一年之后，苏格拉底再问的时候，全班却只有一个学生坚持下来。这个人就是后来的大哲学家柏拉图。

"这么简单的事，谁做不到？"这正是许多人的心态。但结果又如何呢？许多与我们同时起步的人，和我们一样做着简单的事情，后来却逐步晋升于我们之上，原因之一是他们从不认为他们所做的事是简单的小事，并且坚持不懈地永远做了下来。

对于卓越的员工来说，工作中的任何一个小细节都要认真地做好。在一个企业中，大量的工作其实都是一些琐碎的、繁杂的、细小的事务的重复。如果你轻视小事、忽略细节，就永远成不了大事。

 信念感悟

在学习中，对于小事、细节尤其要做好准备工作。正因为它小，才容易被忽视；正因为它细，才更容易出纰漏。在小事上多下点功夫，在细节上多做些准备，才能立于不败之地。

信念规划细节

从小事做起

很多人容易好高骛远，不屑于做日常工作中的琐事。其实成功就是从小事开始的。每一件小事都值得我们去做，而且应该用心地去做。小事情顺利完成，有利于你对大事情的成功把握。一步一个脚印地向上攀登，便不会轻易跌落。通过工作获得真正的力量的秘诀就蕴藏在其中。

美国前国务卿鲍威尔初进公司的时候，由于他是一个黑人，他只有一件事情可以做，那就是搞清洁。就是这样一份不被大家所看重的工作，他却做得有板有眼，而且在工作中总结经验，很快他就找到一种拖地板的姿势，可以把地板拖得又快又好，而且工作起来还不是很累。鲍威尔的表现被细心的老板看到了，通过一段时间的观察之后，老板断定他是一个人才，于是破例提升了他。很多年后，当鲍威尔写回忆录的时候，他还记得自己所积累的第一个人生经验：认真做好每一件小事。

由于他自己不断的努力，重视身边的每一件小事，对每一件小事都赋予百分百的工作激情，他才由一个清洁工成长为国务卿。

很多人渴望发现自己的价值、渴望成功，但却总是在苦思冥想，而不是从简单的小事做起，这样就失去了很多展示自己价值的机会和走向成功的契机。智者从不忌讳说自己是在做一些小事情，恰恰相反，他们乐意做一些小事情。因为他们知道，成功就是从小事开始的。

神州数码公司的 CEO 郭为就是我们学习的榜样。郭为初进联想时，是该集团第一个有工商管理硕士学位的员工，但他的第一份工作却是给领导开车门、拎皮箱。他不抱怨，从小事做起，一步一个台阶走上去，最后成为联想集团的高级领导。我们要从小事做起，认真地做好每一件事。道理很简单，机遇总是突然地、不知不觉地出现，有时你甚至一辈子也不知道哪个是机遇。

信念感悟

人生无小事，每做一件事情实际上就是对自身素养、品行、学识进行一次修炼，千万不要因为小或者低微就鄙视它，放弃将使你失去一次修炼的机会，也减少一次提高的可能。

勤奋是人生游戏的常胜筹码

人们总是抱怨自己的命不好，其实机会对每个人都是均等的，而好运气总是落在特别努力勤奋工作的人身上。

人们常说：有耕耘才有收获。一个人的成功有多种因素，环境、机遇、学识等外部因素固然都很重要，但更重要的是依赖自身的勤奋努力、脚踏实地。缺少这一重要的基础，哪怕是天赋异禀的鹰也只能栖于树上，望高塔兴叹。而肯努力，踏踏实实地工作，即便是行动迟缓的蜗牛也能雄踞塔顶，观千山暮雪，望万里层云。

大凡有所作为的人，无不与勤奋有着一定的关联。我们知道"将勤补拙"是李嘉诚的一条重要的人生准则，也是他成功的经验之一。

曾经有记者询问过李嘉诚的推销诀窍。李嘉诚不予正面回答，却讲了一个故事。

日本"推销之神"原一平在69岁时的一次演讲会上，有人问他推销成功的秘诀，他当场脱掉鞋袜，将提问者请上台说："请您摸摸我的脚板。"

提问者摸了摸，十分惊讶地说："您脚底的老茧好厚哇！"

原一平接过话说："因为我走的路比别人多，跑得比别人勤，所以脚茧特别厚。"

提问者略一沉思，顿然感悟。

李嘉诚讲完故事后，微笑着自谦地对记者说："我没有资格让你来摸我的脚底，但我可以告诉你，我脚底的老茧也很厚。"

当年，李嘉诚每天都要背着一个装有样品的大包从坚尼地城出发，马不停蹄地走街串巷，从西营盘到上环再到中环，然后坐轮渡到九龙半岛的尖沙咀、油麻地。

李嘉诚说："别人做 8 个小时，我就做 16 个小时，开初别无他法，只能将勤补拙。"

李嘉诚早先在茶楼当跑堂，拎着大茶壶，一天 10 多个小时来回跑。后来当推销员，依然是背着大包一天走 10 多个小时的路。

李嘉诚的脚板未必没有原一平的厚。这脚板上的老茧分明写着一个字：勤！

如果你希望一件事能快速而圆满地完成，那么请交给那些勤奋而忙碌的人吧。那些懒散的人，他们精于滥竽充数和偷工减料，大多数人并不了解自己处理事情的真正能力。

远大总裁张剑从创业到成功始终依靠自己的辛勤工作。他建立了远大集团后，就把辛勤耕耘的理念融入到远大的企业文化中。"远大"有自己的文化体系，而这个文化体系又需要以辛勤原则为中心的企业理念和视品牌为生命的经营理念来支撑，视品牌为生命这个好理解，但是我们又怎么去理解以辛勤原则为中心呢？这个"原则"是什么呢？

副总裁张跃认为："这两者是一致的，因为辛勤原则是不能改变的，只是有一些人不去尊重它。我们要知道，只有服务工作做得非常好，让你服务的对象非常满意，你才会有收益。我们是搞工业的，那我们的工业产品就要做得非常好，之后我们的工业产品的消费者才会非常满意。所谓原则——自然法则，就是说必须要有很好的种子，有人的辛勤耕耘过程，这样才会有很好的收获，而且你的付出必须都在收获之前，这都是一些原则。你要把这些原则把握好，不要指望侥幸，不要指望去逾越自然法则，或者说先收获后耕耘，这是不可能的，或者说只收获不耕耘，这是更不可能的了。当然在这个辛勤原则之上，我们还有一个很好的价值观，以这个辛勤原则为基础，这个价值观是各有不同的，但是我认为价值观可能会决定一个企业是不是可以发展得更好，违背原则是根本不可能生存下来的。而价值观好或坏是能决定你能不能生存得更好的。作为一个人也好，作为一个团体也好，重要的是要稳定，但作为一个原则来说一定要非常清醒，就像在这个基础之上，一切东西都会好办的。"

张剑兄弟对"辛勤"的认识，促使他们获得成功。

　　如果你永远保持勤奋的工作状态，你就会得到他人的认可和称赞，同时也会脱颖而出，并得到成功的机会。

　　一分耕耘一份收获

　　约瑟夫·库克说："机智灵活又踏实肯干的平凡人，比天才更易出成绩，并取得更大的成绩。"

　　天赋如果不和敏捷的判断力、准确的逻辑推理能力、丰富的专业知识以及辛勤的工作联系起来，对于个人和社会就会毫无意义。有些人的确天赋不错，但对绝大多数人来说，勤能补拙，一分耕耘一份收获。很多天资聪慧却疏于劳作的人，只靠想象，期待奇迹会出现，而不是付出劳动去争取，最终还是两手空空，一无所获。

　　德国著名诗人席勒称自己"勤奋一生但壮志未酬"。在特罗洛普刚刚从事写作的时候，一个作家的建议使他受益终生，后来，他又把这句话送给了罗伯特·布坎南。他说："如果你想成为名垂千古的作家，在坐下来写作之前，先放一点鞋匠的粘胶在椅子上，有这样的创作精神才能希望成功。"

　　英国画家雷诺兹对天才曾经有过这样的阐释："天才除了全身心地专注于自己的目标，工作非常努力以外，与常人别无两样。"罗斯金则说："当听到年轻人对天才羡慕不已，推崇至极时，我常会问他这个问题，'天才勤奋工作吗?'我关注的是这两个词的差别：'应付差事'与'勤奋工作'。"

　　在一般人的眼里，汉弗莱·戴维肯定算不上命运的宠儿。由于出身贫寒，他接受教育和获得知识的机会极其有限。然而，他是一个勤奋刻苦的年轻人，当他在药店工作时，他甚至把旧的平底锅、烧水壶和各种各样的瓶子都用来做实验，锲而不舍地追求着科学和真理。后来，他以电化学创始人的身份出任英国皇家学会的会长。

　　在这个知识与科技发展一日千里的时代，随着知识、技能的折旧越来越快，不通过学习、培训进行技能更新，适应性自然会越来越差。只有不断学习，不断地充实自己，不断追求成长，才能使自己在工作中始终立于不败之地。

　　乔治的第一份工作，是在一个小镇上当老师，薪水十分微薄。其实他的优势很明显：教学基本功不错，还擅长写作。乔治一边抱怨命运的不公，一边羡慕那些工作体面、薪水优厚的同学。这样一来，乔治不仅对工作提不起兴趣，连写作也让他觉得索然无味。他不务正业，一天到晚琢磨着"跳槽"，希望能找到一份待遇优厚的工作，与自己的才能相匹配。这样"怀才不遇"的过了一段时间，他始终不能停下来立足自身本职工作。在一次同学聚会上，他突然发现一个资质平凡、工作单位不如他的同学，由于踏实肯干，在单位里积累了良好的工作经验和资历，已经获得了到某市去任教的聘书。

"我原本可以和他一样的。"乔治开始冷静下来，不再和那些"命"好的同学攀比，不再幻想那些虚无缥缈的职务，好好的教学上课，业余写点作品自娱自乐。

一年过去，有人在附近的一个城市的学校里看到了乔治，他笑得很开心。他不仅找到了一份满意的工作，听说还出了一本小书。

善待自己的第一份工作，好好努力，如果你要跳槽的话，这就是你的跳板。

 信念感悟

如果你永远保持勤奋的工作状态，你就会得到他人的认可和称赞，同时也会脱颖而出，并得到成功的机会。

信念让我们战胜逆境

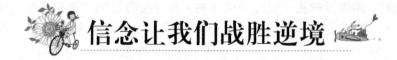

逆境并没有人们想象的那样可怕，可怕的是在你面对逆境时没有坚定的信念去鼓起战胜它的勇气。逆境能够考验一个人的信念是否足够坚强，是信念的炼金石。

信念让我们坦然接受挫折

坦然接受生命的潮起潮落

无论命运带来什么，勇敢地迎接它、面对它，坦然地接受生命的潮起潮落，更重要的是要把自己内心的愿望唤起。风风雨雨是不可逃避的，这个世界没有一个人可以事事如意，但只要你坚守自己的信念，就会以心对镜，无怨无悔。

1899 年 7 月 21 日，欧内斯特·海明威出生在世界五大湖之一的密歇根湖南岸，一个叫橡树园的小镇。

家里一共有六个孩子，海明威是第二个。母亲很有修养，热爱音乐。父亲是一位杰出的医生，又是个钓鱼和打猎的能手。海明威 3 岁时，父亲给他的生日礼物是一根鱼竿；10 岁时，父亲送给他一支一人高的猎枪。父亲的影响使海明威终生充满了对捕鱼和狩猎的热爱。

14 岁时海明威在父亲支持下报名学习拳击。第一次训练，他的对手是个职业拳击家，海明威被打得满脸鲜血，躺倒在地。

可是第二天，海明威裹着纱布还是来了，并且纵身跳上了拳击场。20个月之后，海明威在一次训练中被击中头部，伤了左眼。这只眼睛的视力再也没有恢复。

高中毕业以后，海明威不愿意上大学，渴望赴欧参战。因为视力的缘故未被批准。他离家来到堪萨斯城，在《堪城星报》做了见习记者。

在这里他学到了最初的技巧。《堪城星报》对于文字有110条不得违反的规定，"要用短句"，"用活的语言"，"用动词，删去形容词"，"能用一个字表达的不用两个字"，等等。海明威专心致志地学习，很快就掌握了写作的技巧，并形成了自己的文字风格。

1918年5月，海明威如愿以偿，加入了美国红十字战地服务队，来到第一次世界大战的意大利战场。

7月初的一天夜里，海明威的头部、胸部、上肢、下肢都被炸成重伤，人们把他送进野战医院。海明威的一个膝盖被打碎了，身上中的炮弹片和机枪弹头多达230余块。

他一共做了13次手术，换上了一块白金做的膝盖骨。但仍有些弹片没有取出来，至死都留在体内。

他在医院里躺了3个多月，接受了意大利政府颁发的十字军功勋章和勇敢勋章，这时他刚满19岁。

大战后海明威回到美国，战争除了给他的精神和身体带来痛苦外，没有带来任何值得高兴的事。旧的希望破灭了，新的又没有建立，海明威觉得前途渺茫，思想空虚。

尽管这样，海明威依旧勤奋写作。1919年夏秋，他写了12篇短篇，寄给报社被全部退回。

母亲警告他：要么找一份固定的工作，要么搬出去。海明威从家里搬了出去，因为什么也改变不了他献身于文学事业的决心。他只想做第一流的、最出色的作家。

1920年的整个冬天，他独自坐在打字机前，一天到晚写作。有一次参加朋友们的聚会，海明威结识了一位叫哈德莉的红发女郎。她比海明威大8岁，成了海明威的第一个妻子。这时海明威22岁。

1922年冬天，他赴洛桑参加和平会议时，哈德莉在火车站把他的手提箱丢失了。手提箱里装着他的全部手稿，1篇长篇、18篇短篇和30首诗。这使海明威痛苦万分又毫无办法，只能重新开始。

1923年，海明威的第一部著作《三个故事和十首诗》在法国的一个非

正式出版社出版。总共只印了 300 册，在社会上毫无影响。

作为记者，海明威很受欢迎。但他呕心沥血写成的小说，却没有报刊肯用。尤其令他伤心的是，退稿信上总是称他的作品为"速写录"、"短文"，甚至说是"轶事"，根本就不把他的稿件看成是文学创作。1924 年，海明威辞去记者工作，专门从事文学创作。他没有固定的收入，又要养活刚出生的儿子，生活艰难可想而知。

1925 年是海明威最为穷困潦倒的一年。妻子已经带着儿子离开了他。他除了通宵达旦地写作，只能把看斗牛当作娱乐。

第二年，海明威与波林结婚后不久，他的第一部长篇小说《太阳也升起了》问世，立即博得了一片喝彩声，还被译成多种文字，成了 20 年代那一代人的典范之作。

这部小说用美国女作家斯泰因的一句话"你们都是迷惘的一代"作为题词，从而产生了一个文学流派——"迷惘的一代"，而海明威就成了这个流派的代表。

人生最大的成功就是对生命的追求。成功之后，你可以体会成功的快乐，你可以体验追求的幸福。其实生命就是一个过程，生命的意义就在于追求，要学会咀嚼生命中的每一分钟，不要浪费自己的生命，完整而不断地追求自己所追求的。

 信念感悟

> 生命的长短并不要紧，要紧的是生命中所获得的。坚持你自己所要达到的，不论贫苦或战争，就像海明威一样，为自己的文学创作付出短暂而有意义的一生。

机会就在勤奋工作之中

德国人习惯在钥匙上刻这样的句子——"不用，就生锈。"这句话适用于铁，也适用于人。

珍妮是刚进入公司的职员，一天她发现公司客户资料非常乱，于是每天下班后都去整理。有时候老板也加班，但他经常找不到各种需要的资料，老是忙得焦头烂额。自从珍妮开始整理资料以后，老板只要找资料就会叫珍妮。

珍妮看到了机会，于是每天其他员工下班后，她都坚持在公司整理资料，渐渐地老板养成了有事找珍妮的习惯。偶尔老板也会把一些重要的事情让珍妮去办，每次珍妮都很出色地完成工作。

一年半后，珍妮已经成为公司的业务骨干，晋升速度之快让许多同事眼红。于是有人问她为什么能如此之快地得到晋升，珍妮笑着说："没什么，只是做了一些工作中的小事罢了。"脚踏实地的耕耘者在平凡的工作中创造了机会，抓住了机会，实现了自己的梦想；而眼光不愿俯视手中的工作细节的人，在等待机会的焦虑中，度过了并不愉快的一生。

约翰和杰克从小到大都非常要好，并且从小到大都是同窗，他们毕业后进了同一家酒店工作。在开始的半年里，他们一样努力，每天工作到很晚，最后都得到了董事长的表扬。可是半年后，杰克得到了提升，从普通职员一直升到部门经理，而约翰却似乎始终被冷落，仍是一个普通的职员。由于两个人的差别，所以在酒店里，有人在约翰背后指指点点……终于有一天，约翰忍不住了，到董事长办公室提出辞职。

董事长问他："为什么要辞职呢?"

约翰："因为我觉得在这8年领导给了杰克机会，而不给我机会。"

董事长："好，你觉得酒店不给你机会，那我给你一次机会，现在中餐厅有顾客反映薯条不好吃，你去调查一下为什么。"

约翰很高兴地出去了，很快他就回来说："董事长，因为我们酒店番薯的原来供应商货源供应不上，所以现在酒店的薯条才出问题。"

董事长："那我们能否找到另外一家供应商合作呢?"

约翰又跑出去，回来说："董事长，我到采购部了解到，有甲地、乙地、丙地……几个供应商能为我们供货。"

"那哪一家番薯的质量比较适合我们酒店做成薯条呢?"

约翰再次跑出去，当他回来的时候，已经气喘吁吁的："董事长，甲地的供应商番薯质量比较适合我们酒店做薯条。"

这时董事长对他说："休息一会儿吧，你可以看看杰克是怎么做的。"

杰克需要完成的是同样的事情，但结果却大不一样。他很快回来了，并且向董事长汇报说："董事长，因为我们中餐厅番薯原供应商供不上货，所以出现了问题，但经过了解现在有甲地，乙地，丙地……几家供应商能为我们供货，经对比甲地的供应商番薯的质量比较适合我们酒店，他们的货源也很充足，可以为我们长期供货。"

听完杰克的汇报，董事长非常满意地点了点头："很好，就选这家吧，你下去办。"而这时，站在一旁的约翰也已经明白了一切，他不由得哭了……

是不是公司没给约翰机会呢？很显然，是约翰看不到工作中的机会，才最终导致他与杰克有如此大的差距！

 信念感悟

> 成功者不善于也不需要编织任何借口，因为他们能为自己的行为和目标负责，也能享受自己努力的成果。缺少机会，则往往是不愿意付出努力的人用来原谅自己的借口。

做一个好的失败者

其实做什么事情都是一样，任何人都是从无数的挫折中总结经验教训而走向成功的。很多成功的人，在一次次的挫折后仍能奋然前行，并不一定是因为他们有多坚强，而是因为他们看待挫折的角度与常人不同。他们把每一次的挫折看作是对自己有利的，所以不停地从中总结经验。最终成功还要学会运用积极的行动去做事情。我们要使事情发生，而不要等事情发生。我们要用自己的语言和行动促使周围的人改变思想，让他们认识到我们所做事情的意义，而不是等他们改变。

1968 年 8 月 14 日，美国黑人女性的杰出代表、好莱坞最红的女明星之一哈莉·贝瑞出生于俄亥俄州的克利夫兰。这位"黑珍珠"集美丽、智慧和坚韧于一身。从 17 岁开始，就接连不断地获得令人羡慕的殊荣与奖励。

1985 年，她代表俄亥俄州参加全美 20 岁以下小姐竞选，获"全美青少年小姐"称号。

1986 年，她参加美国小姐选美竞选，获"美国小姐"亚军和"俄亥俄小姐"称号。

1986 年，她参加世界小姐，获第六名。

1999 年，她因《红颜血泪》获金球奖、艾美奖的电视影片类最佳女主角奖，并获银屏演员协会最佳女演员奖。

这位好莱坞最有成就的黑人美女，多年来一直保持着参选美国小姐时的美丽容颜。她的身材被称为"最佳曲线形体"，她 7 次入选美国《人物》杂志评选的"50 位最美丽的人"。

2002 年，美国西部时间 3 月 24 日下午 5 点 30 分，第 74 届奥斯卡金像奖颁奖典礼在洛杉矶的"柯达剧院"隆重举行。此刻，在奥斯卡金像奖的历史上翻开了崭新的一页，傲慢的奥斯卡终于被黑人演员的成就所征服，一扇向黑人女演员关闭了 74 年之久的奖励大门终于敞开了。哈莉·贝瑞凭借在电影《死囚之舞》中的精彩表演，获得了奥斯卡"最佳女主角"奖，成为奥斯卡历史上的第一位黑人影后。她手捧奥斯卡小金人，兴奋地高高举起。

但是，即使是命运的宠儿，也不可能永远一帆风顺。2005 年 2 月 26 日晚，命运与哈莉·贝瑞开了一个天大的玩笑，将她从人生的巅峰抛进了人生的谷底。在第 25 届"金酸莓"奖颁奖仪式上，她主演的《猫女》被评为"最差影片"，她也被评为"最差女主角"。她走上了领奖台，用曾经接受过奥斯卡最佳女主角奖杯的那双手，接了了金酸莓"最差女主角"的奖杯，成为第一位亲手接过此奖杯的好莱坞女影星。

金酸莓电影奖设立于 1981 年，跟奥斯卡奖评选"最佳"相反，专门评选"最差"影片、"最差"导演和"最差"演员等奖项，并且举行颁奖仪式，颁发奖杯。对于这个带有恶作剧意味的颁奖，好莱坞的明星大腕们从不正眼相看，也从来没有一个当红的女明星参加过这个颁奖仪式，更没一个当红的女明星有勇气亲手接过授予自己的"最差女主角"奖杯。

哈莉·贝瑞在人生的巅峰时没有忘乎所以，认为自己是绝对的成功；在人生的谷底时也没有一蹶不振，认为自己是绝对的失败。难能可贵的是她认为，在人生旅途的地平线上，成功与失败同样都是崭新的开始。

她在发表获奖感言时说："我的上帝！我这辈子从来没有想过我会来到这里，赢得最差奖，这不是我曾经立志要实现的理想。但我仍然要感谢你

们，我会将你们给我的批评当作一笔最珍贵的财富。"她最后对大家说："请相信，我不会停下来，我今后会带给大家更精彩的表演。"

听到这些话，人们给了她一阵又一阵热烈的掌声。

颁奖过后，记者围住了哈莉·贝瑞。有人问："您为什么不怕丢丑前来领奖？"

她说："我认为，作为一个演员，不能只听他人的赞美之词，而拒绝接受别人对自己的批评和指责。既然我能参加奥斯卡颁奖典礼并接过小金人，那么我也就应该有勇气去拿金酸莓的奖杯。"

有人问："您将如何保存这个奖杯？"

她举起手中的"最差女主角"奖杯说："我要将它放在我的橱柜里，我每天都会面对它。它很有分量，就是全世界的赞扬和恭维像飓风一样袭来的时候，只要看它一眼，我就不会被吹到云彩上面去。在许多人都赞扬和恭维的时候，批评和指责的声音是最珍贵的，因为它使人清醒。让人不会头脑发热到自己找不到自己，我一直将批评和指责当作最珍贵的财富。"

当有人请她留言签名的时候，她写下了小时候妈妈千叮咛万嘱咐的一句话："如果不能做一个好的失败者，也就不能做一个好的成功者。"

信念感悟

在人生的旅途中，没有一帆风顺，失败是难免的，就看你如何对待，就像在人生的十字路口，有的人气馁，失去信心，而有的人却迎难而上，相信凭着自己的实力能够战胜一切。比别人更相信自己，能让自己的信念更加坚定，能使你站得更高，看得更远。

苦难是成功的积累

许多人遇到挫折时，常常沉浸在痛苦中，自怨自艾，信心崩溃，这样的人，做事缺乏生气，生活单调乏味。相反，有些人则不断发挥自己的优点，逐一把它呈现出来，就像宝石一般，在不断地切割打磨后，宝石才会显现出它的璀璨耀眼的光彩。

人在成长中总要遇到各式各样的挫折，比如生存的挫折、情感的挫折、创业的挫折、健康的挫折、意外事故的挫折，等等。这么多的挫折我们要如何应对呢？是逃避还是面对？

莫奈，1840 年 11 月 14 日生于巴黎，父亲是杂货商，莫奈为长子。出生后不久，全家迁往诺曼底。他的漫画才能为风景画家布丹赏识。莫奈 18 岁时，布丹邀他同往户外写生，那时管装颜料刚刚发明，户外写生还是新鲜事。莫奈起初不以为然，后来慢慢懂得了师法自然之妙，认为户外写生确是风景画家最好的作业方法。有位青年画家向他求教，他指着云天河树说："它们是老师，向它们请教，好好地听从它们的教导。"没过多久莫奈用出售漫画的积蓄，去巴黎学习艺术。

那时莫奈还没有发展他那革命性的印象派技巧。有好几幅画都获得了官方巴黎沙龙的接受。26 岁那年，一位鉴赏家对他的《绿衣女郎》大为赞赏。那是一幅清新活泼的人像，画的是他的心上人唐秀。

穷困潦倒的唐秀是个弱质纤纤的黑发女郎，多年来莫奈从她那里获得了不少灵感。可是他那中产阶级的家庭对于他们的结合非常愤怒。1867 年，莫奈家中断绝了所有对他们的经济援助。这个不名一文的小家庭屡次迁居都为房东逐出。他的朋友亥诺瓦，自己也穷得要命，但还是偷偷把他母亲餐桌上的面包送给莫奈，莫奈一家因此得免饿死。

就在那年夏天，莫奈和亥诺瓦二人都在创作上有了极高成就。为了要画阳光在水面闪烁和树叶颤动的景象，他们采用新法，把幽暗的色彩通通抛弃，改用纯色小点和短线，密布在画布上，从远处看，这些点和线就融为一体了。那时还未命名的印象主义画法，就在那年夏天诞生。

普法战争爆发后，他把唐秀托付给朋友照顾，自己只身前往伦敦。伦敦缥缈的轻烟和浑浊的浓雾使他着了迷，后来他又去过几次伦敦，前后用晕色的手法画了很多幅泰晤士河上的大小桥梁和英国议会大厦，一种恍非尘世的诡异色彩笼罩着整个画面。

战争结束后，莫奈回到法国，1873 年冬天，他带着妻儿到塞纳河上的阿乡德尔市居住了 6 年。莫奈每天自晨至暮都在户外写生。他还弄到了一艘小船，辟为画室。不论阴晴寒暑，他都不在室内工作。塞纳河冰封了，他在冰上凿孔置放画架和小凳。手指冻僵了，就叫人送个暖水袋来。他在海上美岛

沙滩上作画，因大西洋风势疾劲，便把自己和画架缚在岩石上。有几幅海景，至今还看得见嵌着沙粒。他以同样刻苦的精神应付生命中的逆境。

1878 年，次子米歇尔出世，唐秀患重病。莫奈既要看护病人，又要照顾婴儿和洗衣做饭，还得抽空在街上兜售油画。虽然幅幅都是杰作，但所入微不足道。第二年，唐秀还未到 30 岁，便溘然长逝。

1883 年，莫奈的作品在巴黎、伦敦、波士顿三地展出。这时印象派画家已渐受注意。

1886 年在纽约举行的画展，展出莫奈的精品 45 件，这是他生命上的转折点：他的作品成为收藏家猎取的对象，自己也成为名人。1888 年连法国也公开承认了他的地位，拟颁赠"荣誉勋章"给他，他愤然拒绝。

而直至 1880 年，莫奈才首次享受到快乐而富裕的生活。他带着两个小男孩，和有 6 个儿女的寡妇霍施黛组织了新家庭。两大人和 8 个孩子，同住在巴黎市外 75 千米的席芬尼一幢盖得不整齐，有灰色百叶窗的农舍里。在那里，草地上有一条逶迤的小溪蜿蜒流过，花园旁有条单线铁路，每天有 4 班火车往来。席芬尼是莫奈的人间乐土，在此前后 43 年，他一直喜爱这个地方，以它入画，并在这里终老。

在逆境中，心中不灭的信念和希望是人们经受住种种困难考验的强大支撑力。生活中如此，对事业的追求也是如此。成功者与失败者的最大区别是：不畏挫折。莫奈坚持自己的信念，不畏困苦和悲伤，面对逆境，奔向自己理想的精神是我们应该学习的。

 信念感悟

在人生的道路上，每一个苦难都是机遇，不畏挫折，战胜困难，就等于成功的一半。

挑战逆境是生命中的必修课

挑战逆境是每个人在生命中的必修课，几乎所有的生命问题，都与会不会挑战逆境的问题有关。许多自杀者，几乎无一例外，都是由于缺少挑

战逆境的勇气，而导致放弃生命。要超越"逆境"，必先超越"逆心"。"逆心"，是对所面对的处境、所发生的事情，非理性地进行抗拒、排斥的心。

班纳德是一位德国的老人，在风风雨雨的人生中他共遭受了 150 次磨难的洗礼。他是这个世界上最倒霉的人同时也成了世界上最坚强的人。

在他出生 13 个月时，便摔伤了后背，而后又跌断了一只脚，再后来爬树时伤了四肢；一次骑车时，忽的一阵大风，不知从何处而来，把他吹了个人仰车翻，膝盖受了重伤；14 岁时掉进了垃圾堆差点窒息；一次，一辆汽车失控，把他的头撞了一个大洞，血如泉涌；还有一次他在理发店中坐着，突然一辆飞驰的汽车驶了进来……

在最为倒霉的一年中，他竟遇到了 17 次意外事故。

但是更令人惊奇的是，老人依旧健康地活着，而且心中充满了自信。的确，在历经了 150 多次生命的磨难后，还有什么可怕的呢？

愈挫愈奋才会愈坚强，愈难愈弃只会愈悲绝。生活的磨难可以磨炼我们的意志，也可以让我们更坚强。如果能够顽强地面对坎坷，笑对人生，那么还有什么能够阻挡我们达到自己的目标呢？

看到了班纳德的达观与顽强、快乐与幸福，有谁还会抱怨命运不公，有谁还会怨天尤人呢？大自然让人们在奋斗的过程中不断成长、壮大与进步。这个过程是痛苦的经验或是深刻的体验，要视一个人的态度而定。森林中最能争夺养分的树木才能成为参天大树，久经风雨才能成为栋梁之才。在乡村，我们常常能够看到那些木材商们，在砍伐了树木后，总是将它放在露天的空地上任随风吹雨打。因为它们受过磨难而不腐朽，就会有足够的力量撑起最沉重的负担。

 **信念感悟**

> 人生的磨难则可以强化人们的精神和意志，迫使我们向前，引导我们通过逆境的考验，最终获得成功。

生命的意义在于追求

　　大家大概已对超市收银员手里读取商品条形码的机器司空见惯。此外，我们在熟练地使用 CD 机听唱片，使用激光打印机打印文件的时候，都已经忘了这些东西什么时候开始改变了我们的生活。自然，对于这些机器是怎么发明出来的，谁发明出来的，就更是很少有人去关心了。

　　克勒默教授，就是制造这些机器的理论奠基者。1952 年，他获得德国哥丁根大学理论物理学硕士学位，毕业后一直致力于研究半导体设备。

　　1963 年，克勒默提出了双异质结构激光的概念时，这一概念远远超过了当时半导体领域的研究水平。克勒默因此而受到别人嘲笑。直到 20 世纪 80 年代，这种概念和相应的技术才被大量应用。他曾这样描述他的尴尬："如果你把两种不同的半导体组合成一种常规的晶体结构，就会得到新的效应。这种效应能够提高电子器件的性能，并制造出新的器件。我认识到这对物质的性质会有多大的影响，然而要把它转化为实用技术，在当时看来希望非常渺茫。我的反应是，让我们开发技术吧！可是人们却说，忘了它吧。"

　　克勒默在 20 世纪 70 年代到加利福尼亚大学圣巴巴拉分校电子工程系工作时，曾说服学校把研究方向定在化合物半导体而不是以硅为原料的半导体上，结果 90 年代化合物半导体在信息领域得到非常广泛的应用。这实在让人难以想象，他的思想比别人超前 20 年。到底是什么让他坚持这个被人嘲笑的原理呢？克勒默说："我不知道为什么别人没有这样的眼光。"

　　当克勒默接到斯德哥尔摩打来告诉他获得诺贝尔奖的电话时是凌晨两点半，是他的妻子接的电话。当他的妻子告诉他说电话来自斯德哥尔摩，他就明白发生什么事了。但是当时他没有告诉别人。

　　在学校的新闻发布会上，他回忆以前自己的学生曾经开玩笑说他会获奖，甚至有很多教授都猜测自己会得奖，但他从来不相信。不是因为不想，而是他的工作不是特别基础的研究，太实用了。1998 年，当科恩获得诺贝尔化学奖时，有人就猜想谁将是这个学校下一个获奖的教授呢？别人对他说，希望是你。他说不会的，因为我的研究太实际了，如果回头看诺贝奖的历史，尤其是物理奖，通常都颁发给那些对基础物理问题有所发现和贡献的人。

早期的诺贝尔奖还会颁发给一些实用的发明，第一次世界大战期间诺贝尔奖停发，后来重新颁发时，瑞典皇家科学院决定把奖颁给在基础物理问题上有重大发现的人，而不再奖给有实用发明的人。当然也有例外，像威尔逊。但他觉得自己的工作是非常实际的，不太可能获得诺贝尔奖。

科学已成为克勒默生命的一部分，而且是唯一的一部分。他非常喜欢做科学研究，而且非常成功，成功让他更加喜欢科学研究。他告诉记者，"如果让我重新选择一次的话，我还会选择科学研究的。"

克勒默在高中时开始学习物理，那时他特别喜欢数学、物理和化学。过了一些时候对物理的兴趣逐渐压倒了化学，原因是物理是建立在一些最普遍、最基本的原理上的，而学化学需要非常好的记忆力。而且他非常喜欢数学和物理之间的紧密联系。他说："当我一进入物理领域就喜欢理论物理，理论物理学家有各种不同的风格，例如有的喜欢用计算机进行复杂的计算，但我不是其中之一；也有的喜欢非常基础的研究。如果要让我举出最伟大的物理学家，那么波尔（注：丹麦科学家，1922 年因原子结构和原子辐射的研究获诺贝尔物理奖）是我的偶像。因为他研究物理课题只用非常简单的数学，但却包含了非常深刻的思想。"

 **信念感悟**

在研究如何成功的过程中发现：成功是一种心态，一种习惯，是人的一种思考模式，是人生活的一种方式。

每一次考验都是宝贵的机会

人们往往对离自己最近的地方熟视无睹，也往往看不出日复一日的工作琐事中有什么值得挖掘的机会。

初入社会的年轻人很容易将机会与运气混为一谈，其实，机会与运气是完全不同的两个概念。运气，不需要做任何准备，只要碰上了，不费吹

灰之力便能够财运亨通或直上青云。运气具有非常大的偶然性，任何人都不能拿自己的一生去赌。而机会，则常常把自己打扮成挑战或挫折，只有那些在平凡工作中善于用心并敢于接受挑战的人，才能发现并抓住机会。

一位咨询师说了这样一个故事：一个长期在公司底层挣扎，时刻面临着失业危险的中年人来到我的办公室。他讲话时神情激昂，抱怨老板不愿意给自己机会。

"哦？"这样的抱怨我有些耳熟。

"前些日子，公司派我去海外营业部，但我觉得，像我这把年纪的人，怎么能经受如此的折腾呢！"他义愤填膺。

"为什么你会认为这是一种折腾，而不是一个机会呢？"我问。"难道你还看不出来吗？公司本部有那么多职位，却让我这个年纪一大把的人，去如此遥远的地方。"

他放弃了改变人生的一次机会，结果自然是无法继续在公司工作。

同那些艰苦的事情相比，对于大部分人或者初入职场的人，更多的考验来自那些平凡、无聊、沉闷、看似毫无价值的工作。

在极其平凡的职业中，在极其低微的岗位上，也时常蕴藏着巨大的机会。只要调动自己全部的能力，全力以赴；只要勤勤恳恳地把自己的工作做得比别人更完美，就能发现机遇，推开通往成功的大门。

杰瑞是一家超市新来的员工，而且是最基层的员工，做包装工作。如果说公司要裁员的话，他也许是第一个被考虑的对象。但杰瑞进入公司就告诉销售部部门经理说："我有时间的时候可以来您这里帮忙，我希望多了解一下您部门的工作情况。"然后，他又到畜产品部对他们的主管说："我有空时希望可以来向您学习学习。"

之后是安全部、管理部、清洁部……几个月下来，杰瑞走遍了公司的所有部门。以后当某个部门有职位空缺时，大家自然想到的就是杰瑞。

后来，超市生意一度不景气，与杰瑞同来的三个人先后离开了，一名经理也因此被辞退。但由于杰瑞在工作上的出色表现，他被提升为经理。

千万不要小看公司内的各种小事，往往平凡的工作中都蕴藏着机会，因为它可以让老板多认识你，而你对老板的影响力也不是一天两天、一件两件事就可以产生的，机会往往蕴藏于各种平凡无奇的小事之中。

 **信念感悟**

> 生活和工作中到处充满着机会：学校中的每一堂课都是一个机会；每次考试都是生命中的一个机会；医生面对的每个患者都是一个机会；报纸中的每一篇文章都是一个机会；每个客户都是一个机会；每次训诫都是一个机会；每笔生意都是一个机会。这些机会增加修养，带来勇敢，培养品德，广交朋友。可以说人生中的每一次考验都是宝贵的机会。

专注你的目标

只要我们一次只专心地做一件事，全身心地投入并积极地希望它成功，这样我们就不会感到精疲力竭。不要让我们的思维转到别的事情、别的需要或别的想法上去，专心于我们正在做着的事。选择最重要的事先做，把其他的事放在一边。做得少一点，做得好一点，我们就会得到更多的收获。

美国一位著名心理学家认为，现代人之所以活得很累，心里很容易产生挫折感和种种焦虑，甚至不快，是迷失和被淹没在各种目标中的结果。

现代人常把自己的思绪搞得一团乱，却很少有人进行必要的自我调节。在这种混乱的生活状态中，人的内心渐渐失去平衡，变得没有条理，生活的目标也跟着盲目起来。他们不知道自己所为何来，也不知道自己终将怎样。

他们的想法很多，却不知从何着手。他们的思维混乱，长久下去便会产生心理疾病，从而又影响到了健康。人如果总是这样，就没有幸福可言，并会失去最重要的东西，丢掉眼前的一些机会，变成"为明天而明天"的生活痛苦者。

有这样一个故事：有两个学生拜奕秋为师学习下棋。其中一个学生每次听课都全神贯注，一心一意地听奕秋讲解棋道；而另一个学生虽然很聪明，但上课时总是心不在焉，而且他今天想学下棋，明天又想学画画，不时地有新想法冒出来。

一次上课时，有一群天鹅从他们头上飞过，那个专心的学生连头都没有抬一下，浑然不觉。而心不在焉的学生虽然看着也像是在那里听，但心里却想着拿了箭去射天鹅，而且想着有一天要做一名出色的弓箭手。若干年后，那位专心致志的学生成了一名出色的棋手，而另一位呢，却一事无成。

一般情况下，人对生活的迷失都是所要或所想的太多，而又一时达不到目标造成的。这种想法使很多人不能将精力专注于一项事业，他们总是目标多多，反而错过了许多近在眼前的景色，丢掉了一些可以马上把握的机会。人无法专注，总是做着这件事，又想着那件事，结果什么都做不好。内心的挫折感不断加大，结果只能是脚步匆匆，再也没有宁静。

一个人的精力是有限的，把精力分散在好几件事情上，不是明智的选择，而是不切实际的考虑，因为在通常状况下，这几件事情都不会做得很好。而如果每次我们专心地只做好一件事，精力便能够集中，也必定有所收益。等这件事做完后，再去做下一件事，这样我们每件事都能够做得很好了。

大凡成功人士，都能专注于一个目标。林肯专心致力于解放黑人奴隶，并因此使自己成为美国最伟大的总统之一。伊斯特曼致力于生产柯达相机，这为他赚进了数不清的金钱，也为全球数百万人带来了不可言喻的乐趣。

 **信念感悟**

　　每天花一点点时间问一下自己的内心：你真正想要的是什么？什么才是你人生中最主要的？慢慢地，你会发现，那些遥远的不切实际的东西都是你行动的累赘，而那些离你最近的事物才是你的快乐所在。把精力集中在最能让你快乐的事情上，别再胡思乱想偏离正确的人生轨道。

行动是成功的唯一必经之路

2001年4月19日，一位74岁的瑞典老人来到北京。他坐的是经济舱，看上去精力充沛，背着一个毫不起眼的布口袋，走得很快，没有任何人陪同。这个看似不起眼的人就是创立了宜家家居的亿万富翁——英格瓦·坎普拉德。这位退休的瑞典首富最喜欢独自一人在全世界的宜家家居店里转来转去，此次是他第一次来到北京。

遥想1999年1月13日，北京"宜家"开张时盛况空前。人们对当时的情景记忆犹新："离宜家一站多远的街边，停满了桑塔纳和富康，惊奇的顾客拥挤在每一件商品前啧啧称赞，小心地斟酌着该如何花出手中的人民币。"在两个星期内，热情的北京人把宜家货架上的商品抢购一空，有人在7天里去了6次。有外刊称，这是"北京中产阶层"的一次集体出动。可以说，它引起了巨大的轰动，直到今天，宜家依然是许多年轻人、中年人首选家具的地方。当然，这种情况并不只在过去发生，事实上，在坎普拉德的努力下，今天的宜家是全球最大的家具零售公司了。

英格瓦的祖父是个农场主，因经营不善而开枪自杀。父亲也不怎么会经营，但英格瓦从小就有做生意的天分。

5岁那年，英格瓦曾代人卖掉一批火柴，赚了少量的钱。好长一段时间里，他骑着自行车向邻居销售火柴。他发现从斯德哥尔摩批量购买火柴可以拿到很便宜的价格，然后再以很低的价格进行零售，从中仍能赚到不小的利润。

他的生意范围不断扩大，他卖过圣诞卡，他还骑着自行车到处兜售自己抓来的鱼。11岁那年，他做成了一笔大买卖，他卖掉了一批花种。他把赚来的钱买了赛车和打字机，那以后，他简直是迷上了销售这个行当。他曾用父亲给的钱和银行汇票去进货，卖掉500支巴黎钢笔。他上高中时，床底下放了一个纸箱，里面塞满了他的"货物"：皮带、皮夹、手表、钢笔……

1943年，英格瓦已经17岁了，父亲送给他一份特殊的毕业礼物，帮助他创建自己的公司。就这样，宜家（IKEA）诞生了，"I"代表英格瓦，"K"代表坎普拉德，"E"代表艾姆赫特，"A"是自己所在村庄的名字——阿根纳瑞德。

宜家起初销售钢笔、皮夹、画框、装饰性桌布、手表以及尼龙袜等。只要英格瓦能够想到的低价格产品，他就去经营。对这个 17 岁小伙子开的公司，谁都没在意，只是把它当成了一个玩意，但让所有人出乎意料的是，后来的宜家竟成了全球知名企业。

虽然公司成立了，但英格瓦在实践中意识到自己经验的缺乏，他决心去商学院上学，进一步深造，他从此懂得：要成为一个出色的生意人，首先必须用最简捷也最廉价的办法把商品送到顾客手里。这成为他最基本的营销观念。读书时的英格瓦也没闲着。他到学院图书馆看登着进出口广告的商业报纸，选定了一个对象，就用蹩脚的英语给那个外国制造商写信。结果，他成了一种钢笔的瑞典总代理。为了实现他当初简捷廉价的想法，他决定直接进口，因为这样才能可获得最低价位。

但这些对于英格瓦而言都只是牛刀小试，他想做的是更大的事业，英格瓦把眼光投向了家具行业。因为在那时的瑞典，正处于经济迅速发展时期，农村人口迅速减少，城市人口却在不断增加，并向郊区辐射发展。年轻人迫切需要找地方住下来，人们需要尽可能便宜地装修新房子。瑞典政府对人们使用家具提出的建议是：既要方便生活，又要有利于健康。英格瓦的"宜家"可谓是应运而生。

在不过几十年的时间里，宜家迅速地成长为一个家具巨头，面对人们的好奇，英格瓦只是笑而不答，或者在他的著作《一个家具商的誓约》，我们可以了解得更多。在书中总结的几点中，让人印象深刻的是第一点和第二点：1. 产品开发——身份的体现（低价供应大范围的设计优美、功能齐全的家具用品，保证尽可能多的人能够负担得起）；2. 宜家精神（其建立的基础在于热情投入，一种不断求新求变的愿望，节俭的习惯、责任感、对待任务的谦逊态度以及简单的风格）。而对于这份誓约，英格瓦更是身体力行。

**信念感悟**

你要想成功，必须强化你的成功信念，失败的字眼永远跟你诀别。行动是成功唯一必经之路。而且也只有这条路让你可走。你不走，你就不成功。

信念让我们战胜挫折

信念是我们克服挫折和战胜失败的良方，它能使人从苦痛中迅速摆脱出来，能屈能伸，无论身处顺境或逆境中，都能以乐观的心态泰然处之。

成功需要承受考验

《牛津格言》中说："如果我们仅仅想获得幸福，那很容易实现；但我们希望比别人更幸福，就会感到很难实现，因为我们对于别人幸福的想象总是超过实际情形。"

具有强大信念的人，是生活的幸运者，因为他们从小养成了一种良好自信的心理。这种心理让他们充分相信自己，能够承受各种考验、挫折和失败。敢于争取最后的胜利，这种信念，使他们一辈子受用不尽。

斯蒂芬逊，英国蒸汽机车发明家。他的父亲是一名蒸汽机司炉工，母亲是一个普通的家庭妇女。他们全家8口，靠父亲的一点工资生活，日子过得十分艰难。为了减轻家庭的负担，斯蒂芬逊8岁就开始去放牛了。斯蒂芬逊从小就对那轰隆隆转动的机器有莫大的兴趣。每当去煤矿给父亲送饭，他总是围着机器看个不停。

他憧憬着自己长大成人后，像父亲那样操纵着巨大的蒸汽机。放牛的时候，他喜欢捏泥巴。他捏的既不是兔子、小狗这类动物，也不是锅、碗、瓢、盆这类炊具。他捏的是机器，是蒸汽机的模型，其中也有锅炉、汽缸、飞轮。

14岁那年，斯蒂芬逊真的当上了一名见习司炉工。能亲自操作机器，

他很高兴。但光是操纵，又觉得不过瘾。他脑子里老是琢磨着：这机器是怎么转动起来的？它的内部是什么样的？有一天，别人都下班回家去了，他却说要留下来擦洗机器内部的灰尘。蒸汽机被他拆开了，他把所有的零件都仔细观察了一遍，但装配起来却不是那么容易了。

他忙乎了好半天，才勉强把蒸汽机安装好。回家的路上，他老是提心吊胆，担心机器明天转不了。谁知道第二天一发动，那台蒸汽机比平时转得还要好。他经常这样拆拆装装，对机器的结构熟悉透了。

不久，斯蒂芬逊产生了自己制造机器的愿望。由于他没有文化，无法画出设计草图，于是他就用泥巴做成机器模型，仔细琢磨。他感到没有文化很难进行创造发明，于是，他在17岁时报名读夜校，从小学一年级开始读起。斯蒂芬逊每天晚上都和七八岁的儿童坐在一起上课。他像羊群里的骆驼、鸡群里的仙鹤那么突出。

"嘻嘻，戆大！"

"嘿嘿，笨蛋！"

从夜校的教室外面，常常传来这样的讥笑声。他们讥笑这位"大学生"并没有在念大学，却是在念小学。

然而，斯蒂芬逊不怕羞，不怕讥笑，甘愿坐在小学生之中，从头学起。

斯蒂芬逊白天要到矿上上班，为了多挣些钱养家糊口，休息时间还要替人家修理钟表、擦皮鞋，每天累得筋疲力尽。可是到了晚上，斯蒂芬逊总是第一个进教室，专心听讲，埋头学习。放学以后，别人都睡了，他还在昏暗的灯光下复习功课、做作业。

经过几年苦读，斯蒂芬逊终于甩掉了文盲的帽子，并掌握了机械、制图等有关知识。从此，斯蒂芬逊便插上了起飞的翅膀，飞翔在创造发明的天空中。

生活历练了斯蒂芬逊的毅力，培养了他的自信心，使他产生必须成功的信念。

在做你要做的事情前，只要认真思考，认为那是你该做的，就应该执著，坚定不移地干下去，要相信自己可以成功。

信念感悟

> 不要因为别人的嘲笑或讽刺而放弃目标，而应该像斯蒂芬逊一样，面对困难和挫折，朝着自己的梦想前进。

在逆境中积蓄力量

一些在逆境中的人，一直强化自己的痛苦是"很大，很多"的，是"无法战胜"的，"我完了……"，而且向所有人不断宣示这一点，期望得到别人的同情与认可。

其实，任何痛苦都经不住几回日升日落。人们在逆境中的痛苦，往往是在一个低的层面上看待问题。假如你能够站在更高层面来看待一时一地的痛苦，那些使你困扰和痛苦的情绪，就会烟消云散。

整整8年时间，威廉·科贝特这位英国政治活动家，《政治纪事报》的创刊人，都是在家里跟着黄牛犁地，然而他年轻的心灵厌倦了这种沉闷单调的生活，他总想到外面更广阔的天地去闯荡一番。

后来，他一个人跑到了纽约，干了八九个月抄写法院文件的活，然后应征入伍，加入了一个步兵团。在他第一年的军旅生涯中，他成了查塔姆一个流动图书馆的常客，他如饥似渴地阅读能找到的每一本书。

威廉·科贝特当年如何学习英语语法的经历，对所有身处困境中的莘莘学子来说，一定有着极大的教益作用。他这样说："当我还只是一个每天薪俸仅为6便士的士兵时，我就开始学语法了，专门为军人提供的临时床铺的边上成了我学习的地方。在将近一年的时间里，我没有为学习而买过任何专门的用具。我没有钱来买蜡烛或者是灯油，在寒风凛冽的冬夜，借着火堆的亮光看书的机会，也只有在轮到我值班时才能得到。为了买一枝铅笔或者是一叠纸，我不得不节衣缩食，从牙缝里挤出钱，所以我经常处于半饥饿的状态。"

"我没有任何可以自由支配的用来安静学习的时间，我不得不在室友和

战友的高谈阔论、粗鲁的玩笑、尖利的口哨、大声的叫骂等各种各样的喧嚣声中努力定下心来读书写字。"

"为了一支笔、一瓶墨水或几张纸我要付出相当大的代价。每次，揣在我手里用来买笔、买墨水或买纸的那枚小铜币似乎都有千钧之重。要知道，在我当时看来，那可是一笔大数目啊！除了食宿免费之外，我们每个人每周还可以得到2便士的零花钱。我至今仍然清楚地记得这样一个场面：有一次，在市场上买了所有的必需品之后，我居然还剩下了半个便士，于是，我决定在第二天早上去买一条鱼。

"当天晚上，我饥肠辘辘地上床了，肚子不停地咕咕叫，我觉得自己快饿得晕过去了。但是，不幸的事情还在后头，当我脱下衣服时，我竟然发现那宝贵的半个便士不知道在什么时候已经不翼而飞了！我一下子如五雷轰顶，绝望地把头埋进发霉的床单和毛毯里，就像一个孩子般伤心地号啕大哭起来。"

但是，即使是在这样的贫困窘迫的环境下，科贝特还是坦然乐观地面对生活，在逆境中卧薪尝胆、积蓄力量，坚持不懈地追求着卓越和成功。他说："如果说我在这样贫苦的现实中尚且能够征服困难、出人头地的话，那么，在这个世界上还有哪个年轻人可以为自己的庸庸碌碌、无所作为找到开脱的借口呢？"

信念感悟

逆境之所以难以超越，往往与神化痛苦有关。

比别人再稍微努力一点

许多人经常处于惶惶不可终日之中，他们天天不是担心工作没了，便是担心钱亏了，不是担心自己会离婚，便是担心自己生病了。为什么要担心呢？我们每天都在改进，而每天也确实进步。成功快乐的人生便是如此，不断改进自己人生的品质，不断成长、不断拓展的信念，才会获得你想得到的。

1986 年美国职业篮球赛开始之初，洛杉矶湖人队面临重大的挑战。在前一年湖人队有很好的机会赢得王座。当时所有的球员都处于巅峰，可是决赛时却输给了波士顿的凯尔特人队，这使得教练派特·雷利和所有球员都极为沮丧。

派特为了让球员相信自己有能力登上王座，便告诉大家只要每人能再稍微努力一点，在球技上进步 1%，那这个赛季便会有出人意料的好成绩。1% 的成绩似乎是微不足道的，可是，如果 12 个球员每个人都进步 1%，整个球队便能比以前进步 12%。只要能进步 1% 以上，湖人队便足以赢得冠军宝座。结果大部分的球员进步了不止 5%，有的甚至高达 50% 以上，这一年居然是湖人队夺冠最容易的一年。

事实上改善有个原则，就是逐步慢慢地改进，哪怕这种改进是多么的微不足道，只要每天能有小小的进步，长久累积下来便有惊人的成就。

有一天，鲍勃回到家里的时候，被眼前的景象惊住了：母亲双手掩着脸埋在沙发里——她在哭泣。他还从未见她流过泪。

"妈妈，"鲍勃问道，"出什么事了？"

她深深地吸了口气，勉强露出一丝笑容。"没有，真的。没什么大不了的事。只是，我那个刚到手的工作就要丢掉了。我的打字速度跟不上。"

"可您才干了 3 天啊，"鲍勃说，"您会成功的。"他不由地重复起她的话来。在他学习上遇到困难，或者面临着某件大事时，她曾经上百次地这样鼓励他。

"不，"她伤心地说，"没有时间了，很简单，我不能胜任。因为我，办公室里的其他人不得不做双倍的工作。"

"一定是他们让您干的太多了。"鲍勃不服气，她只看到自己的无能，他却希望发现其中有不公。然而，她太正直，他无可奈何。

"我总是对自己说，我要学什么，没有不成功的；而且，大多数时候，这话也都兑现了。可这回我办不到了。"她沮丧地说道。

鲍勃说不出话来。

几天后，母亲平静了些。她站起身，擦去眼泪说："好了，我的孩子，就这样了。我可以是个差劲的打字员，但我不是只寄生虫，我不愿做我不能胜任的工作，我可以干些别的。"

时隔 8 天，她接受了一份纺织成品售货员的工作。

然而，此后，她每晚仍坚持练习打字。

肯于努力和坚持不懈比聪明更有价值。你只要比一般人稍微努力一点，你就会成功。

信念感悟

只要努力，就能战胜困难，走向成功。

逆境成就强者

面对困难，面对逆境，不屈不挠，百折不回。只有敢想、敢干、敢于面对现实而不怕挫折的人，才能事业有成，才是真正的强者。

英国首相温斯顿·丘吉尔是在第二次世界大战期间，带领英国人民取得反法西斯战争伟大胜利的民族英雄，是与斯大林、罗斯福并立的"三巨头"之一，是矗立于世界史册上的一代伟人。

丘吉尔出身于声名显赫的贵族家庭。他的祖先马尔巴罗公爵是英国历史上著名的军事统帅，是安妮女王统治时期英国政界权倾一时的风云人物；他的父亲伦道夫勋爵是19世纪末英国的杰出政治家，曾任索尔兹伯里内阁的财政大臣。祖先的丰功伟绩、父辈的政治成就以及家族的荣耀和政治传统，无疑对丘吉尔的一生产生了十分巨大的影响，在他成长为英国一代名相的过程中具有关键性作用。他们为丘吉尔提供了学习的榜样，树立了奋斗目标，也培育了他对祖国的历史责任感，成为丘吉尔一生孜孜不倦的追求和建功立业的强大驱动力。

丘吉尔未上过大学，他的渊博知识和多方面才能是经过刻苦自学得来的。他年轻时驻军于印度南部的班加罗尔，在那有半年多的时间里他"每天阅读四五小时的历史和哲学著作"。自那以后，丘吉尔从柏拉图、吉本、麦考利、叔本华、莱基、马尔萨斯、达尔文等著名思想家、哲学家、历史学家和生物学家的著作中吸取了丰富的思想营养。这使他的思想更加深刻，人生信念更加坚定，也使他成长为"我们生活的时代里最杰出和多才多艺的人"。

丘吉尔的头上戴有许多流光溢彩的桂冠，他是著作等身的作家、辩才无碍的演说家、经邦治国的政治家、战争中的传奇英雄。他一生中写出了26部共45卷（本）专著，几乎每部著作出版后都在英国和世界上引起轰动，获得如潮好评，还被翻译成多国文字在世界各国广为发行。1953年，他被授予诺贝尔文学奖。他在一生中多次经历的议员竞选中，在议会的辩论中，尤其是在第二次世界大战中的重要时刻，发表了许多富于技巧而且打动人心的演讲，给人们留下了极深的印象。

的确，为丘吉尔树立了永垂不朽的丰碑的不仅是他的作品和演讲，还有他作为一个政治家和反法西斯斗士的光辉业绩。他一生中的大部分时间都当选为议员，曾多次在内阁中担任要职。他经历了许多次政治上的升沉起伏，每次都以不屈不挠的努力，从不畏惧的斗志战胜艰难险阻而达到自己的目的，最终登上了光辉的顶峰，在英国处于历史危机的严峻关头，成为众望所归的政治领袖。连他政治上的对手也说："丘吉尔是大家一致认为永远不能成为首相的人，可是他同样也是在这危急关头获得大家一致欢迎，认为是唯一可能出任领袖的人。""人们不能不喜欢他，他的才能与朝气是无与伦比的。"

在通向胜利的漫长岁月里，丘吉尔在其演讲中多次发出战斗到底的誓言，表达了英国人民的心声。他说："我们将永不停止，永不疲倦，永不让步，全国人民已立誓要负起这一任务：在欧洲扫清纳粹的毒害，把世界从新的黑暗时代中拯救出来。……我们想夺取的是希特勒和希特勒主义的生命和灵魂。仅此而已，别无其他，不达目的，誓不罢休。"

丘吉尔在世人心目中已成为英国人民英勇不屈的斗争精神的象征。

信念感悟

要想事业有成，就要敢于面对现实，不怕挫折。

放弃也是一种智慧

真正的强者，要学会放弃。放弃了才能再做新的，才有机会获得成功。这样的放弃其实是为了得到，是在放弃中开始新一轮的进取。荒漠中的行者知道什么情况下必须扔掉过重的行囊，以减轻负担、保存体力，努力走出困境求生。该扔的就得扔，生存都不能保证的坚持是没有意义的。

小提琴家谭盾在刚到美国的时候，只能靠在街头拉小提琴卖艺来赚钱。其实，在街头拉琴卖艺跟摆地摊一样，都必须要争个好地盘才会有人潮，才会赚到钱；而地段差的话，生意当然就会比较差。

谭盾和一位认识的黑人琴手很幸运地争到一个最能赚钱的好地盘——一家商业银行的门口，那里的人很多！在经过一段日子之后，谭盾靠卖艺赚到了不少钱，于是，他想去大学里进修，便和黑人琴手道别。

他在音乐学府里拜师学艺，和琴技高超的同学们互相切磋，谭盾把全部的时间和精力都投注在提升音乐素养和琴艺之中……虽然在大学里，谭盾不能像以前在街头拉琴一样赚很多钱，但他的目光超越金钱，投向那更远大的目标和未来。10年后，一次，谭盾再次路过那家商业银行，发现昔日朋友——黑人琴手，依然在那最赚钱的地盘上拉琴，而他的表情一如往昔，脸上露着得意、满足与陶醉。

当黑人琴手看见谭盾时，很高兴地停下拉琴，热情地说："兄弟啊，好久没见啦，你现在在哪里拉琴啊？"

谭盾回答了一个很有名的音乐厅名字，但黑人琴手反问道："那家音乐厅的门前也是个好地盘，也很好赚钱吗？"

"还好啦，生意还不错啦！"谭盾只是淡淡地说，没有明讲。

其实，那黑人哪里知道，10年后的谭盾，已经是一位国际知名的音乐家，他经常应邀在著名的音乐厅中登台献艺，而不是在门口拉琴卖艺！

我们会不会也像黑人琴手一样，一直死守着最赚钱的地盘而不放，甚至还沾沾自喜、洋洋得意呢？我们的才华、我们的潜力、我们的前程，会不会因死守着最赚钱的地盘，而白白被断送掉？

信念感悟

中国有句古话：有所为，就有所不为。有所得，就必须有所失。什么都想得到，只能是生活中的侏儒。要想获得某种超常的发挥，就必须扬弃许多东西。

全力以赴面对挑战

"生活中有一条颠扑不破的真理，"英国哲学家约翰·密尔说，"不管是最伟大的道德家，还是最普通的老百姓，都要遵循这一准则，无论世事如何变化，也要坚持这一信念。它就是，在充分考虑到自己的能力和外部条件的前提下，进行各种尝试，找到最适合自己做的工作，然后集中精力、全力以赴地做下去"。

有这么一个寓言故事：很久以前，有一位猎人带着猎狗在树林里打猎。一天，猎人发现了一只野兔，举枪射击，打中了兔子的一条腿，受伤的兔子慌忙而逃。猎人向猎狗打了个手势："你去把兔子抓回来。"得到主人的命令，训练有素的猎狗如箭一般追向那只逃跑的兔子。猎狗速度飞快，它的身手是那样的敏捷。兔子没命地飞奔，根本看不出它已经受伤。兔子跑啊跑，猎狗追啊追。后来，猎狗空手回到主人身旁。猎人见它一无所获，愤怒地骂道："没用的东西，连一只受伤的兔子都抓不到，今晚别想吃晚餐了！"猎狗感到很委屈，辩解道："我虽然没能抓到兔子，可我已经尽力而为了呀！"

那只受伤的兔子逃回窝中，伙伴们为它死里逃生而感到惊奇。它们好奇地问："猎狗速度这么快，你居然还能逃脱，真是太不可思议了！"惊魂未定的兔子说："猎狗如果抓不住我，顶多被主人骂一顿，所以，它追我只是尽力而为；可我如果被它抓住，小命就没有了，所以我逃跑是全力以赴呀！"

这个故事告诉我们，做人做事尽力而为是不够的，我们一定要全力以赴，用必胜的心去扫清一切障碍，用必胜的心才能更好发挥潜能。只有全

力以赴，才能自我超越，实现人生的自我价值。不管任何时候，一旦你认定一件事情值得去做，就一定要全力以赴地去做，尽全力把它做到最好，不要给自己留下遗憾。

在法国一个位于野外的军用飞机场上，一位名叫桑尼耳的飞行员正在专心致志地用自来水枪清洗战斗机。突然，他感到有人用手拍了一下他的后背。回头一看，他吓得大叫一声，拍他的哪里是人，一只硕大的狗熊正举着两只前爪站在他的背后！桑尼耳急中生智，迅速把自来水枪转向狗熊。也许是用力太猛，在这万分紧急的时刻，自来水枪竟从手上滑了下来，而狗熊已朝他扑了过去。他闭上双眼，用尽吃奶的力气纵身一跃，跳上机翼，然后大声呼救。

警戒哨里的哨兵听见了呼救声，急忙端着冲锋枪跑了出来。两分钟后，狗熊被击毙了。事后，许多人都大惑不解：机翼离地面最起码有2.5米的高度，桑尼耳在没有助跑的情况下居然跳了上去，这可能吗？如果真是这样，桑尼耳不必再当飞行员了，去当一名跳高运动员，去创造世界纪录。

然而，事实确实如此。

后来，桑尼耳做了无数次试验，再也没能跳上机翼。

人们越来越怀疑此事的真实性。一位研究人体潜能的专家说："此事完全有可能发生。人在遇到危急情况时，体内会分泌一种奇异的激素，此激素能激发人体所潜藏的超常能力。情况越危急，潜能越易发挥，而在平常情况下，潜能皆处于沉寂状态。"

在工作中，当我们因失败而找借口为自己开脱时，是否反思过，自己到底是做了那只尽力而为的猎狗，还是那只全力以赴的兔子？其实，很多时候我们并没有反思过。

做事尽力而为和做事全力以赴会得到截然不同的结果。做事尽力而为的人在认定事情失败后，会认为自己已经尽力了，其结果顶多是后悔一段时间，没什么大不了的，虽然心中也不免留下遗憾。而做事全力以赴的人呢，他认为这件事情一旦失败，他将会失去很多东西，所以当他认为这件事值得他去做的时候，他就会尽全力把这件事做到最好，这样才不会留下遗憾。

> 只有下了决心干一件事情，并且全力以赴，那么一切障碍都有可能被克服。一个绝境就是一次挑战、一次机遇，也许你会因此创造超越自我的奇迹。

战胜挫折，走向成功

做事的结果无非就是两种：一种是成功，另一种是失败。而那些善于把握时机办事的人，在对待困境的时候，有着一种不屈不挠的精神，正是这种精神激励着他们努力地做好每一件事情。

1791 年，法拉第出生在伦敦市郊一个贫困铁匠的家里。他父亲收入菲薄，常生病，子女又多，所以法拉第小时候连饭都吃不饱，有时他一个星期只能吃到一个面包，当然更谈不上去上学了。

法拉第 12 岁的时候，就上街去卖报。一边卖报，一边从报上识字。到 13 岁的时候，法拉第进了一家印刷厂当图书装订学徒工，他一边装订书，一边学习。每当闲暇时间，他就翻阅装订的书籍。有时甚至在送货的路上，他也边走边看。经过几年的努力，法拉第终于摘掉了文盲的帽子。

渐渐的，法拉第能够看懂的书越来越多。他开始阅读《大英百科全书》，并常常读到深夜。他特别喜欢电学和力学方面的书。法拉第没钱买书、买簿子，就利用印刷厂的废纸订成笔记本，摘录各种资料，有时还自己配上插图。

一个偶然的机会，英国皇家学会会员丹斯来到印刷厂校对他的著作，无意中发现法拉第的"手抄本"。当他知道这是一位装订学徒记的笔记时，大吃一惊，于是丹斯送给法拉第皇家学院的听讲券。

法拉第以极为兴奋的心情，来到皇家学院旁听。作报告的正是当时赫赫有名的英国著名化学家戴维。法拉第瞪大眼睛，非常用心地听戴维讲课。回家后，他把听讲笔记整理成册，作为自学用的"化学课本"。

后来，法拉第把自己精心装订的《汉弗莱·戴维爵士讲演录》寄给戴维教授，并附了一封信，表示："极愿逃出商界而入于科学界，因为据我的想象，科学能使人高尚而可亲。"收到信后，戴维深为感动。他非常欣赏法拉第的才干，决定把他招为助手。法拉第非常勤奋，很快掌握了实验技术，成为戴维的得力助手。

半年后，戴维要到欧洲大陆作一次科学研究旅行，访问欧洲各国的著名科学家，参观各国的化学实验室。戴维决定带法拉第出国。就这样，法拉第跟着戴维在欧洲旅行了一年半，见到了安培等著名科学家，长了不少见识，还学会了法语。

回国以后，法拉第开始独立进行科学研究。不久，他发现了电磁感应现象。1834年，他发现了电解定律，震动了科学界。这一定律，被命名为"法拉第电解定律"。

法拉第依靠刻苦自学，从一个连小学都没念过的图书装订学徒工，跨入了世界第一流科学家的行列。恩格斯曾称赞法拉第是"到现在为止最伟大的电学家"。

1867年8月25日，法拉第坐在他的书房里看书时逝世，终年76岁。由于他对电化学的巨大贡献，人们用他的姓——"法拉第"作为电量的单位；用他的姓的缩写——"法拉"作为电容的单位。

为了追求自己的事业，很多人同法拉第一样，忍受了常人难以想象的痛苦。这样的生活也许会让浮躁和势利的凡人崩溃，但对于有着崇高追求的人而言，他们非但不把它们视为苦难，反而会认为这是莫大的快乐，正是在这种过程中，他们创造了自己的人生，获得成功。

其实，人们之所以能够达到目标，是因为在心中充满信念，从而战胜挫折，走向成功。这不仅要求你有坚定的自信，还要有明确的目标。如果人们对要实现的目标有坚定的信念和不断向前的决心，那么人们便能战胜逆境。如果能够树立一种"永不放弃"的观点，那么，便会把挫折看成是一个小小的障碍，越过就可以了。

信念感悟

坚定信念，在困难的人生道路上就没有不可逾越的难关。

信念让我们勇于直面人生

人生需要磨砺

在美国，"钻石大王"亨利·彼得森和他的"特色戒指公司"几乎无人不知，无人不晓。亨利从16岁给珠宝商当学徒开始，白手起家，经历了令人难以想象的艰辛，最后一跃成为享誉世界的"钻石大王"。

1908年，亨利·彼得森生于伦敦一个犹太人家庭。幼年时父亲便撒手人世，家庭生活的重担落在了母亲柔弱的肩上。迫于生计的压力，母亲携亨利移居纽约谋生。在他14岁时，作为他生活支撑的母亲也因劳累过度一病不起，亨利不得不结束半工半读的学习生涯，到社会上做工赚钱，肩负起生活的重担。

当亨利·彼得森16岁的时候，他来到纽约一家小有名气的珠宝店当学徒。这家珠宝店的老板犹太人卡辛，是纽约最好的珠宝工匠之一。作为一个珠宝商，他在纽约上层社会的达官贵人和公子小姐中颇有声誉，他们对卡辛的名字就像对好莱坞电影明星一样熟悉。卡辛手艺超群，凡经过他亲手镶嵌的首饰都能赢得人们的赞誉并卖到很高的价钱。

但是卡辛作为珠宝店的老板，又是一个目中无人、言语刻薄的暴君。他对学徒的严厉简直到了暴虐的程度，珠宝店的学徒在他面前无不蹑手蹑脚、谨慎做事，唯恐自己的疏忽和过错惹怒了这个六亲不认的老板。

对于珠宝尤其是钻石的生产而言，最艰苦、最难以掌握的基本功莫过于凿石头。

亨利上班第一天，卡辛给他安排的任务就是练习凿石头，从此亨利开始了他炼狱般的学徒生涯。根据卡辛的"教诲"，一块拳头大小的石头，要求用手锤和斧子打成10块尺寸相同的小石块，并规定不干完不许吃饭。亨利从没有干过这种活，看着这一块石头发呆良久，不知如何下手，唯恐一不小心招来老板的训斥和挖苦。但是他别无选择，只得硬着头皮干。

他先把大石头劈成10小块，然后以10块中最小的那块为标准，慢慢雕琢其他9块。虽说石头质地不是特别坚硬，但是层次非常分明，稍不小心就会把石头凿下一大块而前功尽弃，并招来老板的呵斥。

后来据亨利·彼得森讲，尽管老板非常苛刻，但也是为了让他们早日掌握打造石头的要领，因为对于钻石生产而言，打造石头是来不得半点含糊的基本功。老板也是借此来考验学徒们的意志，因为如果过不了这一关，是永远也不能成为成功的钻石商人的。学徒第一天下来，亨利腰酸背痛，四肢发软，眼睛发胀，但依然没能完成老板的任务。

以后的数天里，他简直变成了一台麻木的机器在那里机械地运转，整日挥汗如雨地在那里劈凿。但是后来成就了事业的亨利·彼得森对于卡辛还是充满了感激之情，说如果没有卡辛的严厉要求，他绝对不会成为一个成功的"钻石大王"。

母亲看着孩子日渐消瘦的面容和血迹斑斑的双手，实在不忍心让孩子受这种委屈与折磨。但她知道对于穷人家的孩子，除了靠吃苦谋生外别无选择。在母亲的感召下，亨利也在心里燃烧起强烈的成功欲望。他相信自己受一些苦难与委屈，最终就能够学到这门手艺。

万事开头难，学成后自己支摊也不是件容易的事。虽然要求不高，只要有一张工作台就可以了，但是在房租昂贵的纽约找一块地方又谈何容易？关键时刻，还是有着互助意识的犹太同胞帮了他的忙。他就是亨利在珠宝店里当学徒时认识的犹太技工詹姆。

詹姆与他人合资在纽约附近开了一个小珠宝店。亨利去找他想办法，然而詹姆他们的小珠宝店很小，约有 12 平方米，已经摆放了两张工作台。詹姆很热心，看他处境艰难，允许他在这个小房间里再摆一张工作台，每月只收 10 美元租金。

工作台得到了解决，但是身无分文的亨利无力预付房租，必须找到活儿干，否则仍然无法生存。

到了第 23 天，他终于揽到了一笔生意，一个贵妇人有一只 2 克拉的钻石戒指松动了，需要坚固一下。她在拿出戒指前郑重地问亨利跟谁学的手艺，当得知面前这个首饰匠是卡辛的徒弟时，她就放心地把戒指交给了他。这对亨利来说是一个重大发现，想不到卡辛的名字在这些有钱人中有如此分量，他马上想到借助卡辛的名气揽生意。也正是从此开始，他深刻地意识到了声誉的重要性。

尽管自己和师傅之间有一段无法说清的恩怨，但是他从心里还是对师傅心存感激。亨利靠着"卡辛的徒弟"这块招牌干了两三个月，生意不错。这时，西州的一家戒指厂的生产线出了问题，急需一个有经验的工匠做装配。在听说亨利的名气后，这家戒指厂商慕名请他去装配，他愉快地接受了这一工作。有很多人慕名来找他加工首饰，他都一一热情接待，把业余时间都用在加工首饰上。当然，他每星期的收入也开始明显增多，有时可赚到170多美元。这样，他一边在工厂工作，一边加工首饰，终于在经济大萧条的年代里度过了失业难关，生活也得到了极大的改善。

 信念感悟

> 人生就像一块宝石，磨砺的次数越多，磨砺得越精美，其价值就越高。脚踏实地的不懈努力，一定会度过难关，获得成功。

不要轻易放弃

两个探险者迷失在茫茫的大戈壁滩上，他们因长时间缺水，嘴唇裂开了一道道的血口，如果继续下去，两个人只能活活渴死！年长一些的探险者从同伴手中拿过空水壶，郑重地说："我去找水，你在这里等着我吧！"接着，他又从行囊中拿出一只手枪递给同伴说："这里有6颗子弹，每隔一个时辰你就放一枪，这样当我找到水后就不会迷失方向，就可以循着枪声找到你。千万要记住！"

看着同伴点了点头，他才信心十足地蹒跚离去……

时间在悄悄地流逝，枪膛里仅仅剩下最后一颗子弹了，找水的同伴还没有回来。"他一定被风沙湮没了或者找到水后撇下我一个人走了。"年纪小一些的探险者数着分数着秒，焦灼地等待着。饥渴和恐惧伴随着绝望如潮水般地充盈了他的脑海，他仿佛嗅到了死亡的味道，感到死神正面目狰狞地向他紧逼过来……他扣动扳机，将最后一粒子弹射进了自己的脑袋。

就在他的尸体轰然倒下的时候，同伴带着满满的两大壶水赶到了他的身边……

沙漠中没有方向的人只能徒劳地转着一个又一个圈子，生活中没有目

标的人只能无聊地重复自己平庸的生活。对于沙漠中的人来说，新生活是从选定方向开始的；而对于现实中的人来说，新生活是从确定目标开始的。

"美国联合保险公司"业务部有个人叫艾尔·艾伦，他一心想成为公司里的王牌推销员。他把自己读过的励志书籍和杂志中所介绍的 PMA（积极心态）黄金定律拿来应用。在一本名为《成功无限》的杂志里，他读到一篇题为《化不满为灵感》的文章，不久，他就有了一个应用的机会。

一个寒风刺骨的冬天，艾尔在威斯康星市区里冒着严寒沿着一家家商店拉保险，结果一个也没有拉成。他当然非常不满，但他突然想起自己读过的那篇文章，就决心一试。第二天从办事处出发前，他把自己前一天的失败告诉其他推销员。他说："等着看好了！今天我要再去拜访那些客户，并且卖出比你们更多的保险。"

说也奇怪，艾尔真办到了。他回到市区里再度拜访每一个他前一天谈过话的人，结果他一共卖出 66 份新的意外保险。

 **信念感悟**

成功往往就在继续坚持一分钟之后。

信念促使我们不断超越

有些人会在失败时念叨着："命运，命运！既然早已注定，又何必去强求，随遇而安吧。"但是否在灾难降临时，也要死死坐着，说着："一切皆是命……"不，绝不是，这只是弱者的表现。我们应该努力去进取！其实，是人生改变你，还是你改变人生，都由你自己决定，这就是人生的态度！

坚定信念，不断追求

生活中的一切不可能像数学那样精确，生活中许多事完全回避数学分析，而价值却不可估量。人们一边生活，一边制定目标，选择策略，计划生活，梦想未来，人们需要信念的支持，这种内在的力量是无形的，是要靠自己把握的。

美国有一家规模不大的缝纫机厂，在第二次世界大战中生意萧条，工厂老板杰克看到战时百业俱凋，只有军火是个热门，而自己却与它无缘。于是，他把目光转向未来市场，他告诉儿子，缝纫机厂需要转产改行。

儿子问他："改成什么？"

杰克说："改成生产残疾人用的轮椅。"

儿子当时大惑不解，不过还是遵照父亲的意思去办。经过一番设备改造后，一批批轮椅面世了。这时战争刚刚结束，许多在战争中受伤致残的士兵和平民，纷纷购买轮椅。杰克工厂的订货者盈门，该产品不仅畅销美国，还远销国外。

儿子看到工厂生产规模不断扩大，财源滚滚，在满心欢喜之余，不禁

又向父亲请教:"小轮椅不能继续大量生产,因为需求市场快要饱和了。未来的几十年里,市场又会有什么新需要呢?"

老杰克早已成竹在胸,反问儿子:"战争结束了,人们的想法是什么呢?"

"人们对战争已经厌恶透了,希望战后能过上安定美好的生活。"

"那么,美好的生活靠什么呢?要靠健康的身体。将来人们会把身体健康作为重要的追求目标。所以,我们要为生产健身器做好准备。"他进一步指点儿子。

于是,生产轮椅的机械流水线,又被改造为生产健身器。最初几年,销售情况并不太好。这时老杰克已经去世,但是他的儿子坚信父亲的超前思维,仍然继续生产健身器。结果就在战后十多年,健身器开始走俏,不久便成为热门货。当时健身器在美国只此一家,独领风骚。

老杰克之子根据市场需求,不断增加产品的品种和产量,扩大企业规模,终于使杰克家进入到亿万富翁的行列。老杰克每次都准确地预见了未来的市场变化,为了抓住一闪而过的机会,他早早地做好了充分的准备,财富之神果然也一次没有让他失望。

一个真正想成功的人,只求抓住机遇还是不够的,还应当学会创造机遇。能够主动创造机遇的人,是这个世界的强者。能够主动发现机遇,抓住机遇,创造机遇的人,往往都具有敏锐的洞察力和预测能力。

谋财之道更像一场马拉松赛跑而不是百米冲刺,前100米领先者不一定就能成为全程的冠军,甚至都不可能跑完全程。在这遥远的征途上,你的准备和积累将会起到决定性的作用。如果你自觉先天不足而又已然踏上征程,那就更要格外注意随时给自己补充营养。

 **信念感悟**

> 牢牢记住,把眼光放得长远一些,坚定信念,准备好到达终点之前的一切。

信念创造财富

差距在于思想的高度

上帝对每个人都是公平的，希尔顿、洛克菲勒并不比任何人拥有更多的时间，那么他们的成就又从何而来？差距就在于眼光的高度，在于人生的目标！

有个叫布罗迪的英国教师，在整理阁楼上的旧物时，发现了一叠练习册。它们是皮特金中学 B（2）班 51 位孩子的春季作文，题目叫《未来我是——》。他本以为这些东西在德军空袭伦敦时被炸飞了，没想到它们竟安然地躺在自己家里，并且一躺就是 25 年。

布罗迪顺便翻了几本，很快被孩子们千奇百怪的自我设计迷住了。比如，有个叫彼得的学生说，未来的他是海军大臣，因为有一次他在海中游泳，喝了 3 升海水，都没被淹死；还有一个说，自己将来必定是法国的总统，因为他能背出 25 个法国城市的名字，而同班的其他同学最多的只能背出 7 个；最让人称奇的，是一个叫戴维的盲学生，他认为，将来他必定是英国的一个内阁大臣，因为在英国还没有一个盲人进入过内阁。

总之，31 个孩子都在作文中描绘了自己的未来。有当驯狗师的，有当领航员的，有做王妃的……五花八门，应有尽有。布罗迪读着这些作文，突然有一种冲动——何不把这些本子重新发到同学们手中，让他们看看现在的自己是否实现了 25 年前的梦想。

当地一家报纸得知他这一想法，为他发了一则启事。没几天，书信向布罗迪飞来。他们中间有商人、学者及政府官员，更多的是平凡的工人。他们都表示，很想知道儿时的梦想，并且很想得到那本作文簿，布罗迪按地址一一给他们寄去。

一年后，布罗迪身边仅剩下一本作文簿没人索要。他想，这个叫戴维的人也许死了。毕竟 25 年了，25 年间是什么事都会发生的。

就在布罗迪准备把这本本子送给一家私人收藏馆时，他收到内阁教育大臣布伦克特的一封信。他在信中说，那个叫戴维的就是我，感谢您还为

我们保存着儿时的梦想。不过我已经不需要那个本子了，因为从那时起，我的梦想就一直在我的脑海里，我没有一天放弃过。25 年过去了，可以说我已经实现了那个梦想。今天，我还想通过这封信告诉我其他的 30 位同学，只要不让年轻时的梦想随岁月飘逝，成功总有一天会出现在你的面前。

布伦克特的这封信后来被发表在《太阳报》上，因为他作为英国第一位盲人大臣，用自己的行动证明了一个真理：假如谁能把 15 岁时想当总统的愿望保持 25 年，那么他现在一定已经是总统了。

信念感悟

明确的目标和执著的精神几乎可以让你实现任何理想，达成任何目标！真正的荣耀只能依靠个人奋斗争取。

坚定信念，追求幸福

激发内心的潜能

当你坚信某一件事情的时候，就无疑给自己的潜意识下了一道不容置疑的命令。有什么样的信念就决定你会有什么样的力量，一切的决定，一切的思考，一切的感受与行动都会受控于某一种力量，它就是信念。

1953 年 5 月 29 日，世界上第一次从珠峰南坡登顶的是新西兰人希拉里和夏尔巴人丹增。尔后，每一个试图征服珠峰的登山队，都离不开夏尔巴向导和挑夫的帮助。

2000 年，一个联合登山队准备去征服珠峰，而且要同时清扫以前登山队在珠峰上留下的垃圾，于是，他们找到了能给予他们最大帮助的夏尔巴人。

联合登山队为了自己能够征服珠峰的理想，他们聚集到了一号营。为了能够多清理一些珠峰上的垃圾，9 名队员组成的登山队还请了 30 名夏尔巴挑夫。这些挑夫的首领叫阿巴·夏尔巴。

这个联合队里的队员有的已经第四次攀登珠峰了，有的则是第一次。其中，薛曼年龄最大，以前登过珠峰，但没有成功，他这次是怀着心愿来的，也是最后一次机会。

大家在营地休息的时候，薛曼一个人坐在雪地里沉思，摄影师则去拍摄阿巴·夏尔巴，并问他，如果这次登顶成功，将是他第 11 次登上珠峰，同时也打破世界纪录，他对此是否怀有兴奋的感觉？

阿巴·夏尔巴听后，只是淡淡地说："我们也想做工程师，想做医生，但条件不许可。所以我们只能选择做攀登珠峰的向导，挣多一点钱，让孩子可以受教育，让孩子们完成我们的心愿。"

登山队和夏尔巴人经过一番周密的计划后，向珠峰进发了，每个人怀着不同的目的。

按照事先的计划，一部分夏尔巴人陆续将登山途中拾到的生活垃圾和数以百计的废氧气瓶带回一号营。而登山队员们经过昼夜跋涉，顺利地通过几个营址，一步步地接近顶峰。然而危险的警报就在这平静中爆发，基地发来了暴风警报，几小时后，强烈风暴将登陆峰顶。这条信息意味着队员们在这几个小时内必须登顶，然后返回最近的一个营地，否则后果不堪设想。

于是，队员和阿巴·夏尔巴加快了攀登的速度。而年老的薛曼却因为体力不济和雪盲症发作而远远落在了队伍的后面。当阿巴·夏尔巴带领着 3 名登山队员和 10 名夏尔巴人登顶成功后，在返回的路上遇到了艰难向顶峰攀登的薛曼。

阿巴·夏尔巴停下了，他让其他人先下山，自己陪着薛曼。他面对虚弱的薛曼说："我知道登上顶峰是你的理想，我可以带你上去，但我不一定能够带你下来。我知道你想完成自己的理想，但你的理想可能会让一个夏尔巴人送命。"

薛曼沉默了，看着近在咫尺的理想，他沉思了一分钟，最终选择下山。所有的人都无一损失地回到一号营地，愉快地聚集在一起，只有薛曼在角落里流泪了。他说："在靠近峰顶，面对危险的时候，我想到了妻子、家人。我知道生活里有许多比完成我登顶理想更重要的事情。"

为了理想，薛曼去征服珠峰；为了在加德满都上学的孩子，阿巴·夏尔巴选择了做攀登珠峰的队员的向导。

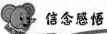 信念感悟

> 坚定的信念，是挖掘幸福之泉的铁铲，是开拓人类荒原的钻机，是攀登事业珠穆朗玛的绳索。相信未来，是因为相信未来的神奇力量，能启迪你的心扉，激起你内心巨大的潜能，产生把你推向成功的力量，让你的勇气涌向天边的海浪，用自信的手掌托起理想的太阳。

贫穷也是一种财富

贫穷也是一种逆境，伟人也好，凡人也罢，陷入贫穷的境地恐怕都是极其常见的事。

对于有的人来说，贫穷就是一座监牢，它制约着人的进一步发展，甚至成为发展的障碍；但对另一部分人来说，贫穷却并不能阻碍他们，他们会千方百计、绞尽脑汁地主动找出路，最终获得财富，走向成功。

阿兰·米穆是一位历经辛酸从社会最底层拼搏出来的法国当代著名长跑运动员、法国10000米长跑纪录创造者、第14届伦敦奥运会10000米亚军、第15届赫尔辛基奥运会5000米亚军、第16届墨尔本奥运会马拉松冠军，后来在法国国家体育学院执教。

米穆出生在一个相当贫穷的家庭。从孩提时代起，他就非常喜欢运动。可是，家里很穷，他甚至连饭都吃不饱。这对任何一个喜欢运动的人来讲都是颇为难堪的。

例如，踢足球，米穆就是光着脚踢的。他没有鞋子。他母亲好不容易替他买了双草底帆布鞋，为的是让他去学校念书穿的。如果米穆的父亲看见他穿着这双鞋子踢足球，就会狠狠地揍他一顿，因为父亲不想让他把鞋子穿破。

11岁多时，米穆已经有了小学毕业文凭，而且评语很好。他母亲对他说："你终于有文凭了，这太好了！"可怜的妈妈去为他申请助学金。但是，遭到了拒绝！这是多么不公正啊！他们不给米穆助学金，却把助学金给了比他富有得多的殖民者的孩子们。

鉴于这种不公道，米穆心里想："我是不属于这个国家的，我要走。"可去哪里呢？米穆知道，自己的祖国就是法国。他热爱法国，他想了解它。但怎么去了解呢？因为他太穷了。

由于没有钱念书，米穆就只好去当咖啡馆里的跑堂。他每天要一直工作到深夜，但还是坚持锻炼长跑。为了能进行锻炼，每天早上5点钟就得起来，累得他脚跟都发炎脓肿了。

但是，为了有碗饭吃，米穆是没有多少工夫去训练的。可他还是咬紧牙关报名参加了法国田径冠军赛。在进行了一个半月的训练后，他先是参加了10000米冠军赛，可是只得了第三名。第二天，他决定再参加5000米比赛。幸运的是，他得了第二名。就这样，米穆被选中并被带进了伦敦奥林匹克运动会。

对米穆来说，这简直是不可思议的事情！他在当时甚至还不知道什么是奥林匹克运动会，也从来想象不到奥运会是如此宏伟壮观。全世界好像都凝缩在那里了。不过，在这个时刻，最重要的是，他知道自己是代表法国。他为此感到高兴。

但是，有些事情让米穆感到不快。那就是，他并没有被人认为是一名法国选手，没有一个人看得起他。比赛前几小时，米穆想请人替自己按摩一下。于是他便很不好意思地去敲了敲法国队按摩医生的房门。得到允许以后，他就进去了，按摩医生转身对他说："有什么事吗，我的小伙计？"

米穆说："先生，我要跑10000米，您是否可以助我一臂之力？"

医生一边继续为一个躺在床上的运动员按摩，一边对他说："请原谅，我的小伙计，我是派来为冠军们服务的。"

米穆知道，医生拒绝替自己按摩，无非就是因为自己不过是咖啡馆里一名小跑堂罢了。

那天下午，米穆参加了对他来讲是有历史意义的10000米决赛。他当时仅仅希望能取得一个好名次，因为伦敦那天的天气异常干热，就像暴风雨的前夕。比赛开始了。米穆并不模仿任何人。同伴们一个接一个地落在他的后面。他成了第四名，随后是第三名。很快，他发现，只有捷克著名的长跑运动员扎托倍克一个人跑在他前面进行冲刺。米穆终于得了第二名。

米穆就是这样为法国和为自己争夺到了第一枚世界银牌的。然而，使米穆感到难受的，是当时法国的体育报刊和新闻记者。

他们在第二天早上边打听边嚷嚷："那个跑了第二名的家伙是谁呀？啊，准是一个北非人。天气热，他就是因为天热而得到第二名的！"瞧瞧，多令人心酸！

米穆感到欣慰的是，在伦敦奥运会4年以后，他又被选中代表法国去赫尔辛基参加第15届奥运会了。在那里，他打破了10000米法国纪录，并在被称之为"本世纪5000米决赛"的比赛中，再一次为法国赢得了一枚银牌。

随后，在墨尔本奥运会上，米穆参加了马拉松比赛。他以1分40秒跑完了最后400米。他终于成了奥运会冠军！

他不用再去咖啡馆当跑堂了。可是，米穆却说："我喜欢咖啡，喜欢那种香醇，也喜欢那种苦涩……"

信念感悟

> 即使贫穷，也能够依靠自己的努力摆脱困境，贫穷并不可怕，只要我们敢于挑战，只要自己的信心不倒，不利的环境并不能阻碍一个人的发展。在逆境中，在得不到人们的支持的情况下实现自己的理想，是一种更大的成功。

命运掌握在自己手中

在生活中总会有他人的闲言碎语，指指点点，尤其在我们即将迈进成功的大门时，那关键的一步如何走，总会倍加困扰我们，面对众人的意见也会觉得不知所措，十分茫然。这时坚定的信念是取胜的关键。

在面对是降魏还是力拼到底时，孙权力排众议，顶着众人主降的压力，毅然决定联蜀抗魏，终以寡敌众，取得"赤壁之战"的辉煌；同样的抉择落在陈忠和身上，在面对改组女排的问题时，大家都劝他还是保险为好，然而他排除他人干扰，断然决定起用新秀，曾经的辉煌再次闪亮。人生总有各种各样的抉择，要面对种种外界压力，这时你要有坚定的信念。

一位心理学家想知道人的信念对行为到底会产生什么样的影响。于是他做了一个实验。

首先，他让10个人穿过一间黑暗的房子，在他的指导下，这10个人皆成功地穿过去了。

然后，心理学家打开房内的一盏灯。在昏黄的灯光下，这些人看清了房内的一切，都惊出一身冷汗。这间房子的地面是一个大水池，水池里有十几条大鳄鱼，水池上方搭着一座窄窄的小木桥，刚才他们就是从小桥上走过去的。

心理学家问："现在，你们当中还有谁愿意再次穿过这间房子呢？"没有人回答。过了很久，有3个大胆地站了出来。

其中一个小心翼翼地走了过去，速度比第一次慢了许多；另一个颤巍巍地踏上小木桥，走到一半时，竟趴在小桥上爬了过去；第三个刚走几步就一下子趴下了，再也不敢向前移动半步。

心理学家又打开房内的另外9盏灯，灯光把房里照得如同白昼。这时，人们看见小木桥下方装有一张安全网，只是由于网线颜色极浅，他们刚才根本没有看见。

"现在，谁愿意通过这座小木桥呢？"心理学家问刚刚没有过桥的7人。这次又有5个人站了出来。

"你们为何不愿意呢？"心理学家问剩下的两个人。

"这张安全网牢固吗？"这两个人异口同声地反问。

很多时候，成功就像过桥，失败的原因恐怕不是力量薄弱、智能低下，而是周围环境的威慑——面对险境，很多人早就失去了坚定的信念，慌了手脚，乱了方寸。

为什么拿破仑能够顶住压力而叱咤风云？为什么海伦·凯勒在双目失明的情况下，心中依然有光明之梦？这都是信念所起的作用！信念改变人的命运，不要因为我们信念动摇而使我们自己成为一个失败者。要知道，成功永远属于那些抱有坚定信念并付诸行动的人。

坚定的信念会让人在逆境中崛起。贝多芬一生不乏坎坷挫折，他在世人眼里只不过是一个又聋又疯的音乐痴。双耳失聪对于一个投身音乐事业

的人来说已是一种致命的打击。他人的不理解与内心的孤寂更加增添他内心的抑郁，可他没有被命运击倒。在痛苦的深渊中，他爆发出内心所有的愤懑："我要扼住命运的咽喉。"

 信念感悟

> 人生总有坎坷，纵然前方荆棘铺路，也要时时燃起那盏不灭的心灵之灯，指引我们走出心灵的困惑。充分发挥个人的主观能动性，让强烈的精神意念把我们从黑暗之中解救出来，摒除外界的干扰，走向成功的殿堂。

一步一步走近目标

我们常常佩服胸怀大志并最终成功的人，然而其中有许多人不知道应如何分解和细化自己的目标以达到最后的成功。目标必须越细越好，最好能细化到每天和每小时。让自己真真切切地看到自己的目标在哪里。实现了所有的每一个细小的目标，大目标就水到渠成地完成了。

普雷斯 25 岁的时候，因失业而面临挨饿。他以前在君士坦丁堡、在巴黎、在罗马，都曾尝过贫穷挨饿的滋味。然而在这个纽约城，处处充溢着富贵气息，尤其使他觉得失业的可耻。

普雷斯不知道该怎么办，因为他觉得自己能胜任的工作非常有限。他会写文章，但不会用英文写作。白天就在马路上东奔西走，目的倒不是为了锻炼身体，因为这是躲避房东的最好办法。

一天，普雷斯在 42 号街碰见一个金发碧眼的高个子。普雷斯立刻认出他是俄国的著名歌唱家夏里宾先生。普雷斯记得自己小时候，常常在莫斯科帝国剧院的门口，排在长长的队伍中间，等待好久之后，方能购到一张票，去欣赏这位先生的表演。后来普雷斯在巴黎当新闻记者时，曾经去访问过他，普雷斯以为他是不会认识自己的，然而他却还记得普雷斯的名字。

"很忙吧？"他问普雷斯。普雷斯含糊回答了他。普雷斯想：他已一眼明白了我的境遇。"我的旅馆在第 103 号街，百老汇路转角，跟我一同走过去，好不好？"他问普雷斯。

走过去？这时是中午，普雷斯已经走了5小时的马路了。

"但是，夏里宾先生，还要走60条横马路口，路不近呢。"

"谁说的？"他毫不含糊地说，"只有5条马路口。"

"5条马路口？"普雷斯觉得很诧异。

"是的，"他说。"但我不是说到我的旅馆，而是到第6号街的一家射击游艺场。"

这有些答非所问，但普雷斯却顺从地跟着他走。一下子就到了射击游艺场的门口，看着两名水兵，好几次都打不中目标。然后他们继续前进。

"现在，"夏里宾说，"只有11条横马路了。"普雷斯奇怪地摇摇头。

不多一会，走到了卡纳奇大戏院，夏里宾说："我要看看那些购买戏票的观众究竟是什么样子。"几分钟之后，他们又开始前进。

"现在，"夏里宾愉快地说，"离中央公园的动物园只有5条横马路口了。里面有一只猩猩，它的脸很像我所认识的唱次中音的朋友。我们去看看那只猩猩。"

就这样走走停停，已经来到百老汇路，他们在一家小吃店前面停了下来。橱窗里放着一坛咸萝卜。夏里宾奉医生之嘱不能吃咸菜，于是他只能隔窗望望。"这东西不坏呢，"他说，"使我想起了我的青年时期。"

普雷斯走了许多路，原该筋疲力尽了，可是奇怪得很，今天反而比往常好些。这样忽断忽续地走着，走到夏里宾住的旅馆的时候，他满意地笑着："并不太远吧？现在让我们来吃中饭。"

在那席午餐之前，主人解释给普雷斯听，为什么要走这许多路的理由。"今天的走路，你可以常常记在心里。"这位大音乐家严肃地说，"这是生活艺术的一个教训：你与你的目标之间，无论有怎样遥远的距离，切不要担心。把你的精神集中在5条横街的短短距离，别让遥远的未来使你烦闷。常常注意未来24小时内使你觉得有趣的小玩意"。

夏里宾先生把60个路口，一次又一次地分割成更小的目标，最终分割到5条路口。每次只是走一段路实现一个小的目标，而未来目标实现起来就容易多了。

我们要一步步走向成功，不断超越自己。脚踏实地的付出换来的永远是一种实实在在的收获。

学会经营自己的天赋

如果你想要享受百分之百的成就，就必须投入百分之百的时间与精力，唯有完全沉浸在这环境中，你才能领略丰富之美。

毕加索在他还没学会讲话以前，就从父亲那里接触到了大量的绘画作品。各种各样的画笔画具，五光十色的颜料，焕发着艺术光彩的美术作品，都给了他深刻的影响。他还没有上学，就深深地爱上了绘画。趁家人不在的时候，他常拿起父亲的画笔作画，先在纸上画人物、房子、树木、小猫、小狗、小鸡、小鸟，虽然不怎么像，可他自己却非常欣赏。

毕加索10岁时由于家境贫寒，全家移居巴塞罗那，从那时起父亲正式教毕加索学画。父亲教育他："绘画是一门艺术，不能乱画，要学会观察、思考，要苦练出扎实的基本功，不断探索绘画艺术的真谛。"在父亲的教育培养下，毕加索的艺术才能得到充分发挥，尤其是素描画画得相当好。14岁时，毕加索的父亲看到儿子的绘画水平越发出众，就把自己珍藏多年的心爱画笔送给他，对他说："孩子，努力吧！希望你用这支笔画出更新更美的画！你一定会比爸爸更有出息！"毕加索知道父亲对自己寄予无限的希望，学画更努力了。

就在这一年的秋天，在巴塞罗那美术学院任教的父亲，亲自带他去参加学院的入学考试，没想到老师在黑板上出了几道数学题，毕加索绞尽脑汁连一道也算不出，急得满头大汗。这时老师递给他一张纸，对他说："答案全在上面。"多亏了这位老师的帮助，毕加索才考进了美术学院。

尽管毕加索的计算能力极差，但在绘画方面却显示出非凡的才能。父亲教他学习美术的初等课程，随后让他参加了静物画、模特画、油画的学期考试，都取得了优异的成绩。更让人吃惊的是，他只用一天的时间就神奇地学完了一个月的课程。面对这样绝顶聪明的学生，美术学院的教授几乎不知道教什么好了。

当时年纪轻轻的毕加索的作品已几次在马拉加和马德里获奖。在勤学苦练中，毕加索特别注意观察生活。他同情下层劳动人民的疾苦，经常深入到他们中间去体验生活。

一天，毕加索看到一个骨瘦如柴、衣衫褴褛的男乞丐，手里拿着一个破碗，弯着腰，正在向行人讨钱。他出神地望着这个乞丐，对乞丐的衣着打扮、一举一动都细细地加以观察，久久不愿离去。回家以后，毕加索便创作出一幅乞丐行乞的人物肖像画。他还观察流浪汉、走江湖的马戏演员等形象，并把这些人物惟妙惟肖地画出来。这些画的代表作有《少女肖像》《穷人的进餐》《卖艺人一家及猴子》等，体现了他早期作品注重写实的风格。

信念感悟

> 信念对于一个人来说是至关重要的，有信念的人精神世界是充实的，他才会有动力去做好工作。无信念的人整天无所事事，不求上进，因为他们心中缺少精神动力。

凡事要全力以赴

每个人都有惰性，而且善于为自己寻找借口。许多人做事凭着自己的三分钟热情，没有恒久的毅力，也没有吃苦耐劳的精神。做小事，这种热情绰绰有余；做事业，这种热情远远不足。做不成功，他还理直气壮地说："我已经尽力了。"

无论从事何种工作，都做到全力以赴、一丝不苟。能做到这一点，就不用为自己的前途操心。一个人要做一件事情的时候，就要全力以赴地去做，到最后，就算事情失败，也不会觉得问心有愧，也不需要找任何理由来掩饰自己的失败，更不会给自己留下遗憾。

马林只会说几句英语，他前往美国某家大型的餐饮连锁店应征。经理看他一副可怜兮兮的样子，起了怜悯之心，也就没有因为他不会说英语，而拒绝给他工作的机会，经理顺口便问："刷洗厕所的工作，你愿意做吗？"

马林的态度很认真，勉强听懂了经理的话，连忙点头说道："好的！好的！谢谢你！谢谢你！"说完，便到总务那儿领了刷子和清洁剂，开始去清洗厕所。

说了也许难以令人相信，经过马林用力刷洗后的厕所，进去一看，所有瓷砖就好像镜子一样，亮晶晶地闪烁着光芒。

有一天，这家餐饮连锁店的总裁，到这家分店来巡视。经验丰富的总裁，根本不急着看店内的其他地方，而是径直便往厕所走去。

进了厕所，总裁很惊讶竟然是如此干净明亮。他巡视过的几百家分店，从没见过这么干净的厕所。

当下总裁马上询问经理，这厕所是谁打扫的？经理回答，是个新来的杂工。于是，总裁第一时间召见他，问他说："你的工作只是扫厕所，做出这样的成果，对你来说，会不会觉得太过分了？"

马林立刻回答："不会，我觉得很高兴啊！我认为厕所是每个人、每天都必须去好几次的地方，所以我愿意全力以赴地来刷洗，希望能让每一位使用厕所的人，都有心旷神怡的感觉。"

总裁一听之下，心想小事情都能做得这么好，如果让他当上经理，整个分店一定会更好。所以马上将他调职，到邻近业绩最糟糕的一家分店担任经理。果然，几个月后，马林负责的那个分店成为餐饮连锁店业绩最好的分店之一。

凡事全力以赴，不仅能给自己带来满足的成就感，同时也能够影响到周遭的许多人，让他们也可以拥有赏心悦目的激励。

不管做什么事情，最终都会在生命旅程里留下沉淀的东西，在你将来生活的某一刻发挥出意想不到的作用，对你将来的工作，都是有帮助的。如果在每一个阶段，你留下的印记都不清晰，那么，这段生命对你而言，有什么意义？认真对待今时今日每一刻，才是对自己生命的珍惜。

> 凡事一定要全力以赴，这是一种人生态度，而态度是养成的，一旦养成了全力以赴的态度，人其实是很容易成功的。

对生活要心存感激

拿破仑·希尔认为，如果你常流泪，你就看不见星光，对人生、对大自然的一切美好的东西，我们要心存感激，人生就会显得美好许多。

史蒂文斯在一家软件公司做程序员，已经工作了8年。而有一天，他所面对的是，他失业了，一切来得都是那么突然。他一直认为自己将会在这家公司工作，直到退休，然后拿着优厚的退休金养老。然而，这家公司在这一年倒闭了。

此时，史蒂文斯的第三个儿子刚刚降生，在他感谢上帝的恩赐的同时，他也意识到：作为丈夫和父亲，自己存在的最大意义，就是让妻子和孩子们过得更好。自己迫在眉睫的事，便是要重新找一份工作。

他的生活开始变得凌乱不堪，每天最重要的工作就是不断地寻找工作。而他除了编程，一无所长。一个月过去了，他依然没有找到适合自己的工作。

一天，他在报纸上看到一家软件公司正在招聘程序员，待遇也不错。于是，史蒂文斯就揣着个人资料，满怀希望地赶到那家公司。让他没有想到的是，应聘的人多得难以想象，这意味着，竞争将会异常的激烈。史蒂文斯并没有退缩，因为责任不允许他胆小，他从容地面试，经过简单的交谈，公司通知他一个星期后参加笔试。

笔试中，史蒂文斯凭着过硬的专业知识轻松过关，两天后复试。他对自己8年的工作经验无比自信，坚信面试对自己而言不是太大的麻烦。出乎意料的，考官所问的问题和专业竟然没有关系，都是关于软件业未来的发展方向这样的问题，这些是史蒂文斯从未认真思考过的。

虽然应聘失败，可他并没有觉得沮丧，而是感觉收获不小，觉得这家

公司对软件业的理解，令他耳目一新，他认为有必要给公司写一封信，以表达自己对此的感谢之情。他提笔写道："贵公司花费人力、物力，为我提供了笔试和面试的机会。虽然落选，但通过此次应聘使我大长见识，受益匪浅。感谢你们为之付出的劳动，衷心地谢谢你们!"

这封信与众不同，落选的人不但没有表示不满，竟然还毫无怨言地给公司写感谢信。这封信被层层上递，最后送到了公司的总裁办公室。总裁在看了信之后，一言不发，把它锁进了抽屉里。

3个月过去了，在圣诞节来临之际，史蒂文斯收到了一张精美的圣诞贺卡，上面写着：尊敬的史蒂文斯先生，如果您愿意，请和我们共同度过圣诞节。贺卡就是他上次应聘的那家公司寄来的。原来，这家公司出现了空缺，他们首先想到了史蒂文斯。

这家公司便是世界闻名的微软公司。在史蒂文斯上任十几年后，他凭着出色的业绩，一直做到了副总裁。

无论情况好坏都要抱着积极的心态，不要让沮丧取代热情，生命可以价值很高也可以一无是处，随你怎么选择。看不到将来的希望，就激发不出现在的动力，消极的心态会摧毁人们的信心，使希望泯灭。

信念感悟

当你面对困难，不要埋怨，每一个人、每一件事都有值得你感激的地方。失败了并不代表永远没有机会，当你心存感激，你会发现，就是困难让你变得坚强，促使你走向成功。

比钉子还硬的意志力

一个人的工作，是他亲手制成的雕像，是美丽还是丑恶，可爱还是可憎，都是由他一手造成的。而一个人在工作中做的每一件小事，无论是写一封信，出售一件货物，或者打一个电话，都在说明雕像或美或丑，或可爱或可憎。老板只要通过观看雕塑，就能对其做出评判。

希拉斯·菲尔德是著名企业家和大西洋电缆建设工程的发起人。16 岁那年，他离开斯托克布里奇的家到纽约去寻找发财致富的机会。离开家门时，父亲给了他 8 美元，这是全家人省吃俭用好不容易节省下来的。到达纽约之后，他去了哥哥大卫·菲尔德的家里。

住在哥哥家的时候，希拉斯·菲尔德很不快乐，从他脸上就能看出来，这引起了一位客人马克·霍普金斯的注意。霍普金斯对他说："如果一个孩子在外面老是想家的话，我什么也不会给他。"

后来，希拉斯到斯图尔特的商店工作，那是当时纽约最好的干货店。第一年，他在那里跑腿，年薪 50 美元，必须在早晨 6 点到晚上 7 点之间上班。成为店员后，他要从早上 8 点干到晚上关门。

"我总是很注意，"菲尔德先生在自传里写道，"在顾客到达之前一定要赶到店里，在顾客离开之前决不能提前下班。我的想法就是要使自己成为一个最好的推销员。我尽量从各个部门学习一切有价值的东西，我深深地懂得：将来的一切都取决于我今天的努力。"

他经常去商业图书馆泡一个晚上，他还参加了每周六晚上举办的一个辩论团体。

店主斯图尔特的规定是很严格的。其中一条要求店员在早晨上班时、吃完午餐和晚餐时都要签到。如果上班迟到、午餐超过 1 小时或晚餐超过 45 分钟，都要罚款。菲尔德在考勤上做得无可挑剔，对店里的工作也兢兢业业，他很快就得到了店主的信任。这样的店员，自然很快就得到了提升。

 信念感悟

兢兢业业地学习，你会拥有辉煌的未来。

信念让我们把握命运

信念给我们自信心，不会被挫折和困难吓倒，不会为经受挫折而气馁！坚定我们的信心，风雨之后是彩虹！信念让我们有充分准备的去迎接机遇，当机遇到来的时候更好地去把握它，从而就能更好地把握我们自身的命运。

征服自己，征服一切

有位著名科学家说过：看似不可克服的困难，往往是新发现的预兆。

在克里米亚战争中，一枚炮弹破坏了一座花园般的城堡，却炸出了一个泉眼，汩汩清泉喷涌而出，这里后来成了著名的喷泉景区。挫折也是这样，它暂时破坏我们的心灵，却能激发奋斗的泉水。

别人都已放弃，自己还在坚持；别人都已退却，自己仍然向前；看不见光明、希望却仍然孤独、坚韧地奋斗着，这才是成功者的素质。

爱迪生研究电灯时，工作难度出乎意料的大，1600种材料被他制作成各种形状，用作灯丝，效果都不理想，要么寿命太短，要么成本太高，要么太脆弱、工人难以把它装进灯泡。全世界都在等待他的成果，半年后人们失去耐心了，纽约《先驱报》说："爱迪生的失败现在已经完全证实，这个感情冲动的家伙从去年秋天就开始电灯研究，他以为这是一个完全新颖的问题，他自信已经获得别人没有想到的用电发光的办法。可是，纽约的著名电学家们都相信，爱迪生的路走错了。"

爱迪生不为所动。英国皇家邮政部的电机师普利斯在公开演讲中质疑爱迪生，他认为把电流分到千家万户，还用电表来计量是一种幻想。爱迪生继续摸索。人们还在用煤气灯照明，煤气公司竭力说服人们：爱迪生是个吹牛不上税的大骗子。就连很多正统的科学家都认为他在想入非非，有人说："不管爱迪生有多少电灯，只要有一只寿命超过 20 分钟，我情愿付 100 美元，有多少买多少。"有人说："这样的灯，即使弄出来，我们也点不起。"他毫不动摇。在投入这项研究一年后，他造出了能够持续照明 45 小时的电灯。

或许你的往事不堪回首，或许你没有取得期望的成功，或许你失去至爱亲朋，失去企业，甚至住房，或许你因病不能工作，或许意外事故剥夺你行动的能力，然而，即使你面对这一切的不幸，你也不能屈服！

你或许会说，你经历过太多的失败，再努力也没有用，你几乎不可能取得成功。这意味着你还没有从失败的打击中站立起来，就又受到了打击。这简直毫无道理！

如果你是一位强者，如果你有足够的勇气和毅力，失败只会唤醒你的雄心，让你更强大。比彻说："失败让人们的骨骼更坚硬，肌肉更结实，变得不可战胜。"

杰出的鸟类学家奥杜邦在森林中刻苦工作了多年，精心制作了 200 多幅鸟类图谱，它们极具科学价值，但是度假归来后，他发现这些画都被老鼠糟蹋了。回忆起这段经历，他说："强烈的悲伤几乎穿透我的整个大脑，我连着几个星期都在发烧。"但当他身体和精神得到一定恢复后，他又拿起枪，背起背包，走进丛林，从头开始。

只要永不屈服，就不会失败。不管失败过多少次，不管时间早晚，成功总是可能的。对于一个没有失掉勇气、意志、自尊和自信的人来说，就不会有失败，他最终是一个胜利者。

我们都很熟悉卡莱尔在写《法国革命史》时遭遇的不幸。他经过多年艰苦劳动完成了全部文稿，他把手稿交给最可靠的朋友米尔，希望得到一些中肯的意见。米尔在家里看稿子时，中途有事离开，顺手把它放在了地板上。谁也没想到女仆把这当成废纸，用来生火了。

这呕心沥血的作品，在即将交付印刷厂之前，几乎全部变成了灰烬。卡莱尔听说后异常沮丧，因为他根本没留底稿，连笔记和草稿都被他扔掉了，这几乎是一个毁灭性的打击。但他没有绝望，他说："就当我把作业交给老师，老师让我重做，让我做得更好。"然后他重新查资料、记笔记，把这个庞大的作业又做了一遍。

对于一个真正的强者来说，失败根本不值一提。那仅仅是一个小小的插曲，是他事业中的一点小麻烦，并不重要。一个真正强者的头脑中根本不存在失败的概念。不管什么样的打击和失败降临，一个真正坚强的人都能够从容应对，做到临危不乱。当暴风雨来临，软弱的人屈服了，而真正坚强的人镇定自若，胸有成竹。

信念感悟

> 一个人除非学会清除前进路上的绊脚石，不惜一切代价去克服成功路上的障碍，否则他将会一事无成。通往成功路上的最大障碍就是自己。征服自己，就会征服一切。

执著的精神比天赋更重要

爱迪生小时候并不聪明，但善于观察，勤于思考，喜欢追根问底。有一次，父亲见他一动不动地趴在草堆里，非常奇怪地问："你这是干什么？"小爱迪生不慌不忙地回答："我在孵小鸡呀！"原来，他看到母鸡会孵小鸡，自己也想试试。父亲又好气又好笑，告诉他，人是孵不出小鸡的。回家的路上，他还一个劲地盯着父亲问："为什么母鸡能孵小鸡，我就不能呢？"从此，大家都说爱迪生是个"呆子"。有一次，为了想知道火的奥秘，他竟在邻居谷仓里燃起一堆火，引起了一场火灾。事后，他挨了父亲一顿毒打。

爱迪生7岁时上学，当时学校课程设置十分呆板，还搞体罚。幼小的爱迪生对此十分不满意。老师讲得枯燥无味，引不起他的兴趣。他功课学得不好，可脑子里却装着很多稀奇古怪的问题。同学们都说他笨，老师也说他是个低能儿。在学校学习不到3个月，他就被迫退学。这是他一生所受到的唯一的正规教育。

于是爱迪生的母亲亲自教孩子读书写字，不厌其烦地解答他所提出的各式各样的问题。有一次，母亲给他买了本《自然读本》，他立即被书上介绍的小实验迷住了。他在家里搞起了小实验室，把零花钱都用在购买实验用品上，一有空就做实验。

爱迪生 11 岁时，到火车上当了报童。在得到列车长允许以后，他在行李车的一个角落里，布置了一个简单的小实验室。一次，火车的震动把一瓶黄磷震翻在地，着了火，火舌向行李堆蔓延。爱迪生急忙脱下衣服扑打，拼命地喊："救火啊!"大家闻声赶来，把火及时扑灭了。列车长勃然大怒，狠狠地打了爱迪生一记耳光，并把他的实验用品统统扔出车外，爱迪生的右耳被打聋了。

后来，爱迪生当了一名夜班报务员。一天清晨三四点钟，他下班扛起白天从旧书店买来的几十本书回住处。巡逻的警察远远看见他，疑心是小偷，就大声喊他站住。可惜他耳朵聋，听不见，仍然急急忙忙地赶路，警察以为他要逃跑，忙举枪射击。当呼啸的子弹擦着耳边飞过，爱迪生才站住了。警察追上来，一问才知道是个聋子，扛的全是旧书，不觉抽了一口凉气，说："算你有运气，要是我的枪法准，那你白送了一条命!"

由于爱迪生对人类作出了巨大的贡献，他受到了全世界的尊重。1922年。他被评选为美国当代 12 大伟人中的第一名。

罗斯金说："听到大家夸一个年轻人前途无量时，我总要问：'他努力工作吗？'"

 **信念感悟**

准确的判断和执著的精神比天赋更重要。在现代社会里，那些靠天才取得的成绩，同样可以通过勤奋获得；而仅靠勤劳取得的成就，光靠"天才"就无法得到。对于年轻人来说，靠耍小聪明，投机取巧，就想赢得成功是根本不可能的。

别为下一步担心

很多事情的失败不是因为困难而是因为怯懦。争取成功的过程还没开始，就因为怯懦的心态而放弃了努力。这样，再容易的事情也不可能做成。

"我是自己命运的主宰，我是自己灵魂的领导。"这句诗告诉我们：因为我们是自己心态的主宰，所以自然变成命运的主宰。心态会决定我们将来的机遇，这是行之四海而皆准的定律。这句诗也强调，无论心态是破坏性的或建设性的，这个规律都会完全应验。

卡尔·赛蒙顿医生是一位专门治疗晚期癌症病人的专科医生。有一次他为一位61岁的喉癌病人治疗，当时这名病人因为病情的影响，体重大幅下降，瘦到只有40多千克，癌细胞的扩散使他无法进食。

赛蒙顿医生告诉这位患者，自己将会全力为他诊治，帮助他对抗恶疾。同时，每天将治疗进度详细告诉他，并清楚讲述医疗小组治疗的情形，及他体内对治疗的反应，使病人对病情得以充分了解，缓解不安的情绪，并努力与医护人员合作。

结果治疗情形好得出奇。赛蒙顿医生认为这名患者实在是个理想的病人，因为他对医生的嘱咐完全配合，使得治疗过程进行得十分顺利。赛蒙顿医生教这名病人运用想象力，想象他体内的白血球大军如何与顽固的癌细胞对抗，并最后战胜癌细胞的情景。结果两个星期后，医疗小组果然抑制了癌细胞的破坏性，成功地战胜了癌症。对这个杰出的治疗成果，就连赛蒙顿医生也感到十分惊讶。

其实赛蒙顿医生是因为运用了心理疗法来治疗这名癌症病人，才获得了如此成功的疗效。

赛蒙顿医生说："你对自己的生命拥有比你想象的更多的主宰权，即使是像癌症这么难缠的恶疾，也能在你的掌握中。"他还说："事实上，你可以运用这种心灵的力量，来决定要什么样的生命品质。"

信念感悟

只要我们用发现的眼光，用积极的心态对待生活，对待生命，我们就能够从中汲取营养，激发激情，全身心地投入到实现目标的奋斗之中，并最终实现人生目标，实现自我价值。

乐于接受改变

生活中我们总是感叹发明家的灵活头脑和敏锐思维，觉得他们能想出种种不同寻常的点子，肯定是因为他们比别人更聪明。其实，发明家和普通人是一样的。

厌苦喜乐，是人的本性。但人们怕苦，除了不喜欢痛苦之外，还与低估自己受苦的能力有关。青年记者邓小兰曾经说过一句有名的话："人是有韧性的动物。许多你以为不能承受的痛苦，当它真正来临的时候，你不仅承受了，而且以更好的方式承受着。"

其实，人对痛苦的承受是有潜力的，只要敢于开拓这种潜能，说不定就会创造奇迹

凯尔·华伦是缅因州康柏伦人，在他20多岁的时候，父亲离开了人世，留下了一家小型公司。凯尔停止了学业，终止了自己成为建筑师的梦想，他没有抱怨这一切，只是想办法在逆境中寻找机会，将小厂经营得有声有色。

后来，凯尔结了婚，建立了自己的家，拥有轿车和卡车。然而很不幸的事发生了，一场严重的车祸让凯尔的努力付诸流水，凯尔失去了所有财产：事业、房子、轿车、卡车，包括他的妻子。

凯尔一下子无法接受这个现实，原本乐观进取的他，变得颓废不堪。之后的两年，他在缅因州波特兰的街上游荡，情况越来越糟，最后落魄到有时住在游民收容所，有时住在桥下、空房子中。

一次，他在废弃的旧仓库里睡觉时，一只老鼠从他的脚上跑过，他一下子惊醒，把老鼠赶走，躺下时他哭了起来。"我祈祷情况能有所改变。"凯尔说，"这股涌向我的感觉，真是我这一辈子发生过的最奇特的事。我在那天凌晨3点钟醒来，想到了一个居家修缮服务的点子，叫'租个老公来做工'"。

凯尔在隔天早上马上把身上仅剩的500元美金，投资在这个点子上。他借用朋友的房子安装了一台电话，印了一些传单，传单上写着："需要一名老公吗？别硬撑了，何不租我当您的临时老公？"然后他到以前离婚互助团体聚会的教堂，把传单放在路边车子的挡风玻璃上。反应出奇的好。

下一步，凯尔用100美元从车商处买了一部旧货车，用黑色胶带在车身贴上字样，开着货车在城里到处跑，到处打零工。一天，一个电视台记者

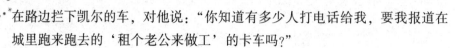
在路边拦下凯尔的车，对他说："你知道有多少人打电话给我，要我报道在城里跑来跑去的'租个老公来做工'的卡车吗？"

这位记者听完凯尔的故事，看过了他当时栖身的仓库后，为国家广播公司的波特兰电视台做了一次凯尔的专访。

凯尔说："我花了200美元将那次电视专访转成好几卷录影带，寄给其他不同的节目。《莫利·波维奇脱口秀》的工作人员打电话来，要请我做嘉宾。接下来发生的事大家都很清楚了。"

虽然凯尔想将自己的成就归功于聪明才智，但是他强烈地感觉到，只要大家和他一样乐于接受改变，那么许多人都能建立起大事业。

"没有热忱和勇气的话，任何改变都不会有用。"凯尔说，"我当时抛掉了对一切的恐惧，再也不害怕了，我不怕死亡，不怕失败，不怕孤注一掷"。

成功往往属于敢于挑战困难的人。在为目标奋斗的过程中，逆境使人愈挫愈勇，激发他的斗志，在困境面前极大程度地调动自身的潜能，使自己的知识经验、技能技巧和智慧都能达到最佳状态，从而有利于冲破障碍，获得成功。

 信念感悟

> 失去信心的同时，也意味着自己被自己打败。许多成功人士都是在迎接辉煌时刻到来之前，首先勇敢地战胜自我，真正能打败你的只有你自己。

学会选择，学会放弃

不跟对方硬拼，以自己之强攻其弱，你就能夺取冠军。学会选择，懂得放弃，你才能成为自己的冠军。

一位搏击高手参加锦标赛，自以为稳操胜券，一定可以夺得冠军。

出乎意料之外，在最后的决赛中，他遇到一个实力相当的对手，双方竭尽全力出招攻击。当双方打到了中途，搏击高手意识到，自己竟然找不到对方招式中的破绽，而对方的攻击却往往能够突破自己防守中的漏洞，有选择地打中自己。

比赛的结果可想而知，这个搏击高手惨败在对方手下，无法得到冠军的奖杯。

他愤愤不平地找到自己的师父，一招一式地将对方和他搏击的过程再次演练给师父看，并请求师父帮他找出对方招式中的破绽。他决心根据这些破绽，苦练出足以攻克对方的新招，在下次比赛时打倒对方，夺得冠军的奖杯。

师父笑而不语，在地上画了一道线，要他在不能擦掉这道线的情况下，设法让这条线变短。

搏击高手百思不得其解，怎么能使地上的线变短呢？最后，他无可奈何地放弃了思考，向师父请教。

师父在原先那道线的旁边，又画了一道更长的线。两者相比较，原先的那道线，看来变得短了许多。

师父开口道："夺得冠军的关键，不仅仅在于如何攻击对方的弱点，正如地上的长短线一样，如果你不能在要求的情况下使这条线变短，你就要懂得放弃从这条线上做文章，寻找另一条更长的线。那就是只有你自己变得更强，对方就如原先的那道线一样，也就在相比之下变得较短了。如何使自己更强，才是你需要苦练的根本。"

徒弟恍然大悟。

师父笑道："搏击要用脑，要学会选择，攻击其弱点，同时要懂得放弃，不跟对方硬拼，以自己之强攻其弱，你就能夺取冠军。"

 **信念感悟**

在获得成功的过程中，在夺取冠军的道路上，有无数的坎坷与障碍，需要我们去跨越、去征服。人们通常走的路有两条：一条路是学会选择攻击对手的薄弱环节。正如故事中的那位搏击高手，可找出对方的破绽，给予其致命的一击，用最直接、最锐利的技术或技巧，快速解决问题。另一条路是懂得放弃，不跟对方硬拼，全面增强自身实力，在人格上、在知识上、在实力上使自己加倍地成长，变得更加成熟，变得更加强大，以己之强攻敌之弱，使许多问题迎刃而解。

冲破思维定势的牢笼

工作产生热情，最重要的条件是兴趣。如果你选择了一项自己本不喜欢，但现在又无法改变的工作时，那你应该学会培养出对该工作的兴趣。

首先，你不要看到这项工作就立即产生厌恶感，并让这种厌恶感蔓延开来。你应先试着把这种厌恶感扔到一边，尝试做这项工作，慢慢了解工作本身，看能否在工作中找出自己比较感兴趣的问题。一般而言，当你静下来了解、熟悉工作时，会逐渐产生兴趣。

1876年3月10日，美国发明家贝尔发明世界上第一部电话，并获美国专利局批准的电话专利。

贝尔22岁时，任美国波士顿大学的语音学教授。贝尔少年时代天资平平。上小学时，学习成绩在班里倒数一二名。他不但学习不好，而且淘气、贪玩，书包里常常装着老鼠、麻雀这类小动物。有一次，老师在台上讲课，贝尔书包里的老鼠钻了出来，在教室里乱窜乱叫引得同学们哄堂大笑，乱成一团，老师狠狠地训斥了他。

后来，父亲把贝尔送到伦敦祖父那里，由严厉的祖父直接管教。祖父是位严格而又倔强的老头。但他知识渊博，教育有耐心。很快，小贝尔喜欢起他的祖父，对学习有了兴趣，道理明白了不少。

贝尔变了，不仅学习成绩好，有发明创造的热情，而且品德优良，经常助人为乐。有一次，他看到一位孤独老人用笨重的水磨在磨面，小贝尔很同情他，约了一群少年伙伴来帮忙。后来，小伙伴们嫌推磨太苦，纷纷不干了，只有小贝尔一人坚持下来。

回到家里，小贝尔想，怎样才能使水磨省劲呢？为了设计新水磨，他翻阅了大量资料，设计图画了一张又一张。经过1个月的反复琢磨，草图终于设计出来了，几个工匠看了纷纷称赞。在工匠师傅的努力下，省力的水磨制成了，乡亲们十分感激他，小贝尔也成了大家心目中的英雄。

贝尔年少时，还爱好演讲。他父亲是一位演讲家。贝尔在少年时代，就组织"少年技术协会"，每周演讲一次。他很有演讲才能，22岁被美国波士顿大学聘请，当了语音学教授。父子二人成为美国颇有名气的演讲家。

1875 年 6 月 2 日，28 岁的贝尔经历千万次的失败，终于制成了有线电话。这一天，他和华特生正在进行新的实验。贝尔把一些部件放入硫酸里，不小心，硫酸滴到了他的腿上，他觉得十分痛，无意地连声呼救："华特生，快来，我需要你!"声音通过电线传到了华特生的耳朵里。就这样，人类第一部有线电话制造成功了。

 **信念感悟**

> 长期的热情来源于对学习本身的热爱，多了解各种知识，拓宽你的视野，你发现得越多越深，你对学习的热情就越高。

主动去创造机会

在日常生活中，有些人总希望有一个突然的机遇把自己从地狱送到天堂，眨眼之间变成富人。但事实上，只有一小部分机遇是靠侥幸得到的，更多的是要靠自己的努力和实力去争取，主动去创造出来。

"假如说我的成功是在一夜之间得来的，那么，这一夜也是无比漫长的历程。"有时，某些人看似一夜成名，但是如果你仔细看看他们过去的经历，就知道他们的成功并不是偶然得来的。他们早已投入无数心血，打好牢固的基础了。那些暴起暴落的人物，声名来得快，去得也快。他们的成功往往是昙花一现，因为他们并没有深厚的根基与雄厚的实力。

举世著名的国际巨星席维斯·史泰龙，在尚未成名前是一个贫困潦倒的穷小子。当时他身上只有 100 美元，唯一的财产是一部老旧的金龟车，那是他睡觉的地方。史泰龙心目中有个梦想，想要成为电影明星。好莱坞总共有 500 多家电影公司，史泰龙逐一拜访，却没有一家公司愿意录用他。面对 500 多次冷酷的拒绝，他毫不灰心，回过头来又从第一家开始，挨家挨户自我推荐。第二次拜访，500 多家电影公司当中，总共有多少家拒绝他呢?答案是 500 多家，仍然没有人肯录用他。

史泰龙坚持自己的信念，将 1000 次以上的拒绝当作是绝佳的经验，鼓舞自己又从第一家电影公司开始，这次他不仅只争取自己的演出机会，同

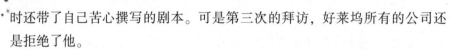

时还带了自己苦心撰写的剧本。可是第三次的拜访，好莱坞所有的公司还是拒绝了他。

史泰龙先后总共经历了 1855 次严酷的拒绝，以及无数的冷嘲热讽。可是他仍对自己的梦想坚持不懈，直到总算有一家公司愿意采用他的剧本，并聘请他担任自己剧本中的主角。就这样，一次机会奠定了他国际巨星的地位。

当事情不如意时，一定是你没有掌握正确的方法；当完成的速度不够快的时候，一定是你使用的策略不对。当仍出现拖延的时候，一定是你的优先顺序没有排对，因为你不知道那件事最重要。

你再看看那些已经成功的富人，他们做起事来总是干净利落、尽所能及，工作了一天之后，第二天又接着去做，不断地努力、不断地进步，直到成功为止！

 **信念感悟**

> 立即行动，向着你的目标前进，每天不断地向前推进，这是你抵达目标的不二法则。

信念主宰命运

在前进的途中主动出击

你或许会认为自己太差劲，能成就一番事业的机会和概率微乎其微。但是，问题的关键并不在于你现在的地位是多么的卑微或者从事的工作是多么的微不足道，只要你有强烈的进取心，只要你不局限于狭小的圈子，只要你渴望着有朝一日成为万众瞩目的人物，只要你希冀着攀登上成功的巅峰并愿意为此付出切实有效的努力，那么任何障碍都阻挡不了你成功的步伐。

5 年前，斯蒂芬·阿尔法经营的是小本农具买卖。他过着平凡而又体面的生活，但并不理想。他家的房子太小，也没有钱买他们想要的东西。阿尔法的妻子并没有抱怨，很显然，她只是安于天命而并不幸福。

阿尔法的内心深处变得越来越不满。当他意识到爱妻和他的两个孩子并没有过上好日子的时候，心里就感到深深的刺痛。

但是今天，一切都有了极大的变化。现在，阿尔法有了一所占地约8000平方米的漂亮新家。他和妻子再也不用担心能否送他们的孩子上一所好的大学了，他的妻子在花钱买衣服的时候也不再有那种犯罪的感觉了。明年夏天，他们全家都将去欧洲度假，阿尔法过上了真正幸福的生活。阿尔法说："这一切的发生，是因为我树立了信念。5年以前，我听说在底特律有一个经营农具的工作。那时，我们还住在克利夫兰。我决定试试，希望能多挣一点钱。我到达底特律的时间是星期天的早晨，但公司与我面谈还得等到星期一。晚饭后，我坐在旅馆里静思默想，突然觉得自己是多么的可憎。'这到底是为什么！'我问自己，'失败为什么总属于我呢？'"

阿尔法不知道那天是什么促使他做了这样一件事：他取了一张旅馆的信纸，写下几个他非常熟悉的在近几年内远远超过他的人的名字。他们取得了更多的权力和工作。其中两个原是邻近的农场主，现已搬到更好的地方去了；其他两位阿尔法曾经为他们工作过；最后一位则是他的妹夫。

阿尔法问自己：是什么使这5位朋友拥有如此优势呢？他把自己的智力与他们作了一个比较，阿尔法觉得他们并不比自己更聪明；而他们所受的教育，他们的正直、个人习性等，也并不拥有任何优势。终于，阿尔法想到了另一个成功的因素，即主动性。阿尔法不得不承认，他的朋友们在这点上胜他一筹。

当时已快凌晨3点钟了，但阿尔法的脑子却还十分清醒。他第一次发现了自己的弱点。他深深地挖掘自己，发现缺少主动性是因为在内心深处，他并不看重自己。

阿尔法坐着度过了残夜，回忆着过去的一切。从他记事起，阿尔法便缺乏自信心，他发现过去的自己总是在自寻烦恼，自己总对自己说不行，不行，不行！他总在表现自己的短处，几乎他所做的一切都表现出了这种自我贬值。

终于阿尔法明白了：如果自己都不信任自己的话，那么将没有人信任你！

于是，阿尔法作出了决定："我一直都是把自己当成一个二等公民，从今后，我再也不这样想了。"

第二天上午，阿尔法仍保持着那种自信心。他暗暗以这次与公司的面

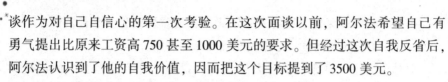

谈作为对自己自信心的第一次考验。在这次面谈以前，阿尔法希望自己有勇气提出比原来工资高 750 甚至 1000 美元的要求。但经过这次自我反省后，阿尔法认识到了他的自我价值，因而把这个目标提到了 3500 美元。

结果，阿尔法达到了目的。他获得了成功。

信念感悟

对于年轻人来说，不管现在他多么贫穷或者多么笨拙，只要他有着积极进取的心态和更上一层楼的决心，我们就不应该对他失去信心。对于一个渴望着在这个世界上立身扬名、成就一番事业的人来说，任何东西都不是他前进的障碍。不管他所处的环境是多么的恶劣，也不管他面临怎样的艰难险阻，他总是能通过内心的力量驱动自己，脱颖而出，勇往直前。

突破心理障碍

在人生的道路上，挫折和成功，就像两辆逆向行驶的马车，要么是挫折这辆马车将你拉向灭亡的泥潭，要么是成功的马车带你抵达辉煌的巅峰。挫折马车的轮子是懦弱，而成功马车的轮子是坚强。只要你用坦荡的微笑面对挫折，懦弱的轮子便无以转动，坚强成为你人生价值的助推器。

1930 年初秋的一天清晨，一个只有 1.45 米高的矮个子青年从位于日本东京目黑区的公园长凳上爬了起来，徒步去上班。他因为拖欠房租已经在公园的长凳上睡了两个多月了。他是一家保险公司的推销员，虽然工作勤奋，但收入少得甚至吃不起中餐，每天还要看尽人们的脸色。

一天，年轻人来到一家佛教寺庙向住持介绍投保的好处。老和尚很有耐心地听他把话讲完，然后平静地说："听完你的介绍之后，丝毫引不起我投保的意愿。人与人之间，像这样相对而坐的时候，一定要具备一种强烈吸引对方的魅力，如果你做不到这一点，就没什么可言了……"

从寺庙里出来，年轻人一路思索着老和尚的话，若有所悟。接下来，他组织了专门针对自己的"批评会"，请同事或客户吃饭，目的只为让他们指出自己的缺点。

"你的个性太急躁了，常常沉不住气……""你有些自以为是，往往听不进别人的意见……""你面对的是形形色色的人，你必须要有丰富的知识，所以必须加强进修，以便能很快与客户寻找到共同的话题，拉近彼此间的距离。"……

年轻人把这些可贵的逆耳忠言一一记录下来。每一次"批评会"后，他都有被剥了一层皮的感觉。透过一次次的批评会，他把自己身上那一层又一层的劣根性一点点剥了下来。

与此同时，他总结出了自己含义不同的 39 种笑容，并一一列出各种笑容要表达的心情与意义，然后再对着镜子反复练习，他甚至每个周日晚上都要跑到日本当时最著名的高僧伊藤道海那儿去学习坐禅。

年轻人开始像一条成长的蚕，随着时光的流逝悄悄地蜕变着。到了 1939 年，他的销售业绩荣膺全日本之最，并从 1948 年起，连续 15 年保持全日本销售第一的好成绩。1968 年，他成为了美国百万圆桌会议的终身会员。

这个人就是被日本国民誉为"练出值百万美金笑容的小个子"，美国著名作家奥格·曼狄诺称之为"世界上最伟大的推销员"的推销大师原一平。

 信念感悟

用乐观的态度对待人生就要微笑着对待生活，微笑是乐观击败悲观的最有力武器。无论生命走到哪个地步，都不要忘记用自己的微笑看待一切。微笑着，生命才能征服纷至沓来的厄运；微笑着，生命才能将不利于自己的局面一点点打开。

信念驱动我们追求梦想

树立坚定的信念，放飞心中的梦想，你将能随它一起到达人生最美丽的地方。坚守信念，追逐梦想，你将会拥有一个更加灿烂的明天。让信念发力，让梦想起航，扬起生命的帆船，驶向梦想的彼岸。

找到通往天堂的梯子

为了达到目标，你必须避免那种被美国心理学家考克斯称之为"羚羊的思维"的东西。一次，考克斯和朋友约翰一起进行了一次凌晨穿越赛伦吉提大平原的飞行。景色非常优美，他们能看见大象、狮子和大群羚羊席卷穿过整个平原。

"羚羊的数量这么多，真是一件好事啊！"他们的非洲导游注意到他们正盯着那一大群羚羊时沉吟道，"否则，这个物种很快就会灭绝"。

考克斯问他为什么这么说，他笑了，然后指着一头停止奔跑的羚羊说："你将会注意到那头羚羊跑不了多远了。它们停下来不是因为意识到有什么重要的事情需要思考，也不是因为它们累了，是因为它们太愚蠢以至于忘记了当初它们为什么要奔跑。它们发现了天敌，本能地逃开，开始向相反的方向跑。但是它们忘记了是什么促使它们奔跑，甚至有时候是在最不适当的时候停下来。"

"我曾经看见它们就停在天敌旁边，有时甚至向某个天敌走过去，似乎它们已经忘记了这就是同一种在几分钟以前让自己惊慌失措的动物。它们就差冲上去说：嘿！狮子先生，你饿了吗？在找午餐吗？如果不是有一大群羚羊的话，我想这整个种群将在几个星期之内被消灭干净。"

当时，考克斯在热气球里并没有去嘲笑那些羚羊，而在这次飞行结束前，他有了一个很有趣的想法——在现实的商业世界中，他曾经见过同样的问题。

是不是有许多人有规律的举动让你想起那些羚羊呢？他们有不错的主意，他们为自己设立了一个目标，而且为这个目标努力了一天或者仅仅半天。也许他们只是谨慎地四处溜达了40分钟罢了。40分钟以后，他们发现他们并没有达到目标。然后他们就会对自己说："嗯，这太难了。这比我想象的难多了。"接着他们就会永远停在那里一动不动。

为了避免羚羊思维，你必须确定一个目标，然后坚持不懈地向它努力。你不能在路上停下来，而且当你的天敌逼近的时候，当然更不能停下来。当每天结束的时候，你必须好好总结一下，并且问自己："距离我为自己设定的主要目标，今天我又走近了多少？"如果你对这个问题的真实答案是，今天你没有为达到目标做出什么有意义的行动，也就是说今天你停在路上，那么你必须从明天开始让自己振作起来。

 **信念感悟**

> 生活中许多人是习惯性羚羊思维的牺牲品。通常，问题并不是在他们朝目标努力的过程中犯错，而是他们没有坚持继续向目标努力。

确定未来的方向

有些人认为，只有天才才会有好主意。事实上，要找到好主意，靠的是态度，而不是能力。一个思想开放有创造性的人，哪里有好主意就往哪里去。在寻找的过程中，他不会轻易扔掉一个主意，直到他对这个主意可能产生的优缺点都彻底弄清楚为止。

罗马纳·巴纽埃洛斯是一位年轻的墨西哥姑娘，16岁就结婚了。在两年中她生了两个儿子，丈夫不久后离家出走，罗马纳只好独自支撑家庭。但是，她决心谋求一种令她自己及两个儿子感到体面和自豪的生活。

她用一块普通披巾包起全部财产，跨过里奥兰德河，在得克萨斯州的埃尔帕索安顿下来，并开始在一家洗衣店工作，一天仅赚1美元，但她从没忘记自己的梦想，即要在贫困的阴影中创建一种受人尊敬的生活。于是，口袋里只有7美元的她，带着两个儿子乘公共汽车来到洛杉矶寻求更好的发展机会。

开始她只做洗碗的工作，后来找到什么活就做什么。她拼命攒钱直到存了400美元后，和姨母共同买下一家拥有一台烙饼机及一台烙小玉米饼机的店。

她与姨母共同制作的玉米饼非常成功，后来还开了几家分店。直到最后，姨母感觉到工作太辛苦了，这位年轻妇女便买下了姨母的股份。不久，她经营的小玉米饼店成为全美最大的墨西哥食品批发商，拥有员工300多人。

她和两个儿子经济上有了保障之后，这位勇敢的年轻妇女便将精力转移到提高她美籍墨西哥同胞的地位上。

"我们需要自己的银行"，她想。后来她便和许多朋友在东洛杉矶创建了"泛美国民银行"。这家银行主要是为美籍墨西哥人所居住的社区服务。如今，银行资产已增长到2200多万美元，在这之前抱有消极思想的专家们告诉她："不要做这种事。"

他们说："美籍墨西哥人不能创办自己的银行，你们没有资格创办一家银行，同时永远不会成功。""我行，而且一定要成功。"她平静地回答说。结果她梦想成真了。她与伙伴们在一个小拖车里创办起他们了银行。可是，到社区销售股票时却遇到另外一个麻烦，因为人们对他们毫无信心，她向人们兜售股票时遭到拒绝。

他们问道："你怎么可能办得起银行呢？""我们已经努力了十几年，总是失败，你知道吗？墨西哥人不是银行家呀！"但是，她始终不放弃自己的梦想，始终坚持不懈，如今，这家银行取得伟大成就的故事在东洛杉矶已经传为佳话。后来她的签名出现在无数的美国货币上，她成为美国第43任财政部长。

态度比教育、金钱、环境更重要。查尔斯·史温道尔曾说："态度比你的过去、教育、金钱、环境……还来得重要。态度比你的外表、天赋或技能更重要，它可以建立或毁灭一家公司。"在一次"CEO"问卷调查中，有

80%的人承认，并非特殊才能使他们达到目前的地位。这些人当中没有一个人在班上是名列前茅的，他们之所以能达到目前的地位就是凭借态度。

> 要想使宏伟的计划不是永远停留在纸上的蓝图，你就要用行动把它变为现实。

信念是成就人生的动力

持之以恒就能达到目的

许多人一事无成，就是因为他们缺少雄心勃勃、排除万难、迈向成功的动力。不管一个年轻人有多么超群的能力，有多么聪明、谦逊、和善，如果他缺少迈向成功的发动机，他将难有成就。

无数人熟知"just do it"，第一个"just do it"广告的主人公是坐在轮椅上的田径运动员克莱格·布朗修，广告口号是出现在黑色背景下的反白字。这条广告语唤起了一代人的共鸣。它让过于肥胖的人想起了那被推迟的减肥计划，让忙碌的职员们想起了被其他事情打乱了健身活动以及所有梦想参加体育活动却被种种事务打断的人想起了自己的愿望。这仿佛是耐克在敦促人们去锻炼身体，马上去行动，去实现。就是这样一种信念，让一个热爱运动的男孩实现了对运动事业的贡献，创造了耐克。

菲尔·耐特，从小就喜欢运动，并考入美国田径运动的大本营——俄勒冈大学，当然，他对阿迪达斯、彪马这类运动品牌十分熟悉。

在俄勒冈大学，耐特遇到了自己一生的良师益友——自己的教练比尔·鲍尔曼。他是个事业心极强的人，一心要使自己的运动队超过其他队。训练比赛中，运动员的脚病是最常犯的，鲍尔曼便设计出一种鞋，底轻而支撑好，摩擦力小且稳定性强，这样可以减少运动员脚部的伤痛，跑出好成绩。

　　1960 年，耐特毕业了。其间他在自己的一份论文中提到自己的一个设想：利用日本制造商的价格优势打败阿迪达斯，让越来越多的运动员穿上高质量低价格的跑鞋。毕业后的耐特决定到日本去寻找一个机会。

　　在日本的展览会上，耐特碰到了日本的虎牌运动鞋厂家。耐特自称是来自美国的"蓝丝带运动公司"，刚好虎牌需要一个代理商来打入美国市场，于是就把代理权给了这个初出茅庐的小伙子。

　　拿到代理权的耐特立即找到了鲍尔曼，组成真正的蓝丝带运动公司，成为虎牌运动鞋在美国的独家经销商，开始了最初的创业。这个"蓝丝带"就是"耐克"的前身。

　　虽然日本厂商不断刁难，但他们依然坚持着不断的设计、改进、促销，让人们接受他们的产品。不久，日本总公司察觉产品销路不错，便开始提高价格，并提出想要收购他们的股权。耐特和鲍尔曼断然拒绝，决定开一家属于自己的运动鞋公司，起名为耐克，这是根据希腊胜利之神的名字而取的。而 NIKE 这个名字，在西方人的眼光里是很吉利，易读易记，很能叫得响。

　　他们很快推出了以"耐克"命名的运动鞋，并设计了醒目的商标。耐克那个著名的"一勾"商标象征力量和速度。为了做宣传，耐特和他的妻子亲手印制了耐克 T 恤到奥运会的预赛场上分发，但看见的人都问："谁是 NIKE？"在比赛中，耐特小小地出了一把风头，被说服使用这种新鞋的马拉松运动员获得第四名到第七名，而穿阿迪达斯鞋的运动员则在预选赛中获前三名。

　　在运动鞋行业，耐克面临着激烈的竞争。耐特和鲍尔曼意识到：如果不能开发出比现在产品更好的新产品，就根本没希望提高市场占有率。而且，美国鞋商生产出来的还远比不上前联邦德国阿迪达斯公司生产的外国鞋。

　　1975 年，一个星期天的早晨，鲍尔曼在烘烤华夫饼干的铁模中摆弄出一种尿烷橡胶，用它制成一种新型鞋底。在这种华夫饼干式的鞋装上小橡胶圆钉，使得这种鞋底的弹性比市场上流行的其他鞋的弹性都强。这种看上去很简单的产品改进，成为耐特和鲍尔曼事业的新起点。

　　菲尔·耐特在坚定的信念下，和鲍尔曼不断改进自己的产品，为自己的品牌创造独具风格的特点，不惜代价，提高产品质量，提高产品在人们心中的地位。而就是那一句话，概括了耐克所有的精神：Just do it！

信念感悟

> 一个人有希望，加上坚忍不拔的决心，加上持之以恒的努力，就能达到目的。

不要轻易放弃梦想

伽利略 1564 年生于意大利的比萨城，他的家就在著名的比萨斜塔旁边，父亲是个破产贵族。当伽利略来到人世时，他的家庭已经很穷了。17 岁那一年，伽利略考进了比萨大学。在大学里，伽利略不仅努力学习，而且喜欢向老师提出问题，哪怕是人们司空见惯、习以为常的一些现象，他也要打破砂锅问到底。

有一次，他站在比萨的天主教堂里，眼睛盯着天花板，一动也不动。他用右手按左手的脉搏，看着天花板上来回摇摆的灯。他发现，这灯的摆动虽然是越来越弱，以至每一次摆动的距离渐渐缩短，但是，每一次摇摆需要的时间却是一样的。于是，伽利略做了一个适当长度的摆锤，测量了脉搏的速度和均匀度。从这里，他找到了摆的规律。钟就是根据他发现的这个规律制造出来的。

家庭生活的贫困，使伽利略不得不提前离开大学。失学后，伽利略仍旧在家里刻苦钻研数学。由于他的不断努力，伽利略在数学的研究中取得了优异的成绩。同时，他还发明了一种比重秤，写了一篇论文，题目为《固体的重心》。此时，21 岁的伽利略已经名闻全国，人们称他为"当代的阿基米德"。在他 25 岁那年，比萨大学破例聘他当数学教授。

在伽利略之前，古希腊的亚里士多德认为，物体下落的快慢是不一样的。它的下落速度和它的重量成正比，物体越重，下落的速度越快。比如说，10 千克重的物体，下落的速度要比 1 千克重的物体快 10 倍。

1700 多年前以来，人们一直把这个违背自然规律的学说当成不可怀疑

的真理。年轻的伽利略根据自己的经验推理，大胆地对亚里士多德的学说提出了疑问。经过深思熟虑，他决定亲自动手做一次实验。他选择了比萨斜塔做实验场。

这一天，他带了两个大小一样但重量不等的铁球，一个重 10 磅，是实心的；另一个重 1 磅，是空心的。伽利略站在比萨斜塔上面，望着塔下。塔下面站满了前来观看的人，大家议论纷纷。

有人讽刺说："这个小伙子的神经一定是有病了！亚里士多德的理论不会有错的！"实验开始了，伽利略两手各拿一个铁球，大声喊道："下面的人们，你们看清楚，铁球就要落下去了。"

说完，他把两手同时张开。人们看到，两个铁球平行下落，几乎同时落到了地面上。所有的人都目瞪口呆了。伽利略的试验，揭开了落体运动的秘密，推翻了亚里士多德的学说。这个实验在物理学的发展史上具有划时代的重要意义。

哥白尼是波兰杰出的天文学家，他经过 40 年的天文观测，提出了"日心说"的理论。他认为宇宙的中心是太阳，而不是地球。地球是一个普通的行星，它在自转的同时还环绕太阳公转。伽利略很早就相信哥白尼的"日心说"。1609 年 6 月的一天，伽利略找来一段空管子，一头嵌了一片凸面镜，另一头嵌了一片凹面镜，做成了世界上第一个小天文望远镜。

实验证明，它可以把原来的物体放大 3 倍。伽利略没有满足，他进一步改进，又做了一个。他带着这个望远镜跑到海边，只见茫茫大海波涛翻滚，看不见一条船。可是，当他拿起望远镜往远处再看时，一条船正从远处向岸边驶来。实践证明，它可以把物体放大 8 倍。伽利略不断地改进和制造着，最后，他的望远镜可以将原物放大 32 倍。

每天晚上，伽利略都用自己的望远镜观看月亮。他看到了月亮上的高山、深谷，还有火山的裂痕。后来又开始观看太空，探索宇宙的奥秘。他发现，银河是由许多小星星汇集而成的。他还发现，太阳里面有黑斑，这些黑斑的位置在不断地变化。由此他断定，太阳本身也在自转。伽利略埋头观察，以无可辩驳的事实，证明地球在围着太阳转，而太阳不过是一个普通的恒星，从而证明了哥白尼学说的正确。1610 年，伽利略出版了著名的《星空使者》。人们佩服地说："哥伦布发现了新大陆，伽利略发现了新宇宙。"

我们每个人都有理想，很多情况下，完全有条件，有可能，也完全有必要认认真真地去考虑它。好好地策划自己的人生，不要走一步算一步，得过且过，迷迷糊糊地生活。有梦，不要轻易放弃，在奔向梦想的路上，即使遇到各种名利等诱惑，也要舍得放弃，否则你的梦想永远只是梦了。

 **信念感悟**

> 如果你还没有梦或者还没有一个人生目标，那么不妨从现在起根据自己的实际情况给自己的人生定一个目标，然后不弃不舍，一步一步努力去实现它。

保持平和的心态

每个职场中的人要想实现自己的梦想，就必须调整好自己的心态，打消投机取巧的念头，从一点一滴的小事做起，在最基础的工作中，不断地提高自己的能力，为自己的职业生涯积累雄厚的实力。无论多么平凡的小事，只要从头至尾彻底做成功，便是大事。假如你踏踏实实地做好每一件事，那么绝不会空空洞洞地度过一生。我们都是平凡人，只要我们抱着一颗平常心，踏实肯干，有水滴石穿的耐力，我们获得成功的机会，肯定不比那些禀赋优异的人少到哪里去。

美国已逝的总统罗斯福曾说过："成功的平凡人并非天才，他资质平平，但却能把平平的资质发展成为超乎平常的事业。"

一个人如果有了脚踏实地的习惯与不断的主动性，并积极为一技之长下工夫，那么成功就会变得容易起来。一个肯不断扩充自己能力的人，总有一颗热忱的心，他们甘于凡人小事，肯干肯学，多方向人求教，他们出头较晚，却在各种不同职位上增长了见识，扩充了能力。

刚满30岁 Google 创始人谢尔盖·布林成为《福布斯》美国富豪排行榜上最年轻的富豪，他以40亿美元的身价和另一位 Google 创始人拉里·佩奇并列第43位。

谢尔盖·布林出生在前苏联一个犹太人家庭。5岁那年，布林跟随父母一起移民美国，从而开始了他美国式的成功历程。他的父亲迈克尔是一位数学家，曾在莫斯科一所学校任教，并曾在前苏联计划委员会就职。

来到美国后，父亲迈克尔在马里兰大学谋得一个教职，直到现在他还是该学校的数学教授。而布林的母亲则是美国宇航局的一名专家。

其实，布林的祖父也是一名数学教授。受家庭的影响，幼年时期，布林的数学天才就开始显山露水，同时他对电子学有着浓厚的兴趣。早在小学一年级的时候，布林就向老师提交了一份有关计算机打印输出的设计方案，这让老师大为吃惊。要知道，当时计算机还刚刚开始在美国普通家庭出现。

中学毕业后，布林进入马里兰大学攻读数学专业，父亲迈克尔希望他能沿着自己的足迹成长，在数学的道路上一走到底。然而，布林并没有按照父亲给他设定的规划发展。由于成绩杰出，布林在取得理学学士学位后获得了一个奖学金，随后进入斯坦福大学。在斯坦福大学，这位天才学生再次得到命运的青睐，校方允许他免读硕士学位而直接攻读计算机专业博士学位。

不过，布林在斯坦福大学攻读博士期间选择了休学，互联网的魅力深深地吸引着布林，他把互联网视为通往未来的必经之路。早在大学的时候，布林就已经发明了一种超文本语言格式的搜索系统。1998年9月，24岁的布林和25岁的佩奇决定合伙开公司，公司提供的唯一服务就是搜索引擎。在对商业计划一无所知的情况下，布林从一位斯坦福校友那里顺利地拿到了第一笔投资——10万美元。

依靠这10万美元，在朋友的一个车库里，布林和佩奇开始了Google的征程。创立之初，公司除了布林和佩奇之外，就只有一个雇员——克雷格·希尔维斯通——Google现在的技术总监。他们的努力工作不久就得到了回报：那时的Google每天已经有了1万次搜索，开始被媒体关注。1999年，又有两名风险投资家向Google注入了2500万美元的资金，帮助Google进入了一个崭新的发展阶段。

信念感悟

> 可以说，Google 取得的成功源于其创建者布林和佩奇的想象力，更源于他们对自己热爱的事业一步一个脚印，从头做起。

伟大的目标成就未来

我们常听到人们谈论天赋、运气、机遇、智力和优雅的举止对于一个人的成功是多么重要。但是，如果有了这些条件却没有坚定的目标，也是不会成功的。

年轻人最大的绊脚石往往是这种错误的想法：认为天才或成功是先天注定的。固然，一粒煮熟的种子即使在适宜环境下也不会发芽、生长。但是，只是因为成不了高大的橡树，只是因为自己不可能像橡树一样高直，就不相信自己的能力，处在犹豫和彷徨中浑浑噩噩地度过一年又一年，那是非常荒唐可笑的。

美国有两位心理学家公开宣称，他们发明了一种绝对正确的智能测验方法。

为了证实他们的研究成果，他们两人选择了一所小学的一个班级，给全班的学生做了一次测验，并于隔日批改试卷后，公布了该班 5 位天才儿童的姓名。

经过 20 年之后，追踪研究的学者专家发现，这 5 名天才儿童长大后，在社会上都有极为卓越的成就。这项发现马上引起教育界的重视，他们请求那两位心理学家公布当年测验的试卷，弄清其中的奥秘所在。

那两位已是满头白发的心理学家，在众人面前取出一只布满尘埃、封条完整的箱子，打开箱盖后，告诉在场的专家及记者："当年的试卷就在这里，我们完全没有批改，只不过是随便抽出了 5 个名字，将名字公布。不是我们的测验准确，而是这 5 个孩子的心态正确，再加上父母、师长、社会大众给予他们的协助，使得他们成为真正的天才。"

有人曾经告诉过你，你是一位天才吗？如果你在幼年时，也像那 5 名幸运的学童一样，被告知自己是一位杰出的天才儿童。那么，你今天就会取得非凡的成就。或许你对自己的期望与要求会更高；或许你每天愿意多花一个钟头去看书，而不是看电视；或许你会更卖力地投入自己的工作中，以获得更佳的成果。这一切都是你自愿的，因为你是一位天才。

而你的父母、老师又将如何看待你呢？或许他们会更用心、更努力地来教导你；而你周围的朋友、同学、同事们，也将提供你更多协助，充分地帮助你。这一切也是他们自愿的，因为你是一位天才；而他们也有这份使命感来协助你，帮你完成天才与生俱来的责任。

当你知道自己是天才人物之后，自己、父母、老师、亲友的使命感便油然而生，非得将你推上天才的巅峰不可，未达目的誓不罢休。

一个人未来的一切都取决于他的人生目标。人生目标可以重塑一个人的性格，改变一个人的生活，也可以影响他的动机和行为方式，甚至决定命运。

信念感悟

> 一个人的生活都是在人生目标的指引下进行的。如果思想苍白、格调低下，生活质量也就趋于低劣；反之，生活则多姿多彩，尽享人生乐趣。

坚持自己的梦想

著名发明家爱迪生曾说："自信是成功的第一秘诀。"阿基米德、居里夫人、伽利略、张衡、竺可桢等历史上广为人知的科学家，他们所以能取得成功，首先因为有远大的志向和非凡的自信力。一个人要想事业有成、做生活的强者，首先是敢想。敢想就是确立自己的目标，就是要有所追求。不自信决不敢想。连想都不敢想，当然谈不上什么成功了。

一位匈牙利木材商的儿子，从小生得呆笨，人们都喊他木头。12 岁时，他做了一个梦，梦到有个国王给他颁奖，因为他的作品被诺贝尔看上了。

当时，他很想把这个梦告诉谁，但又怕人嘲笑，最后只告诉了妈妈。

妈妈说："假若这真是你的梦，你就有出息了！我曾听说，当上帝把一个不可能的梦，放在谁的心中时，就是真心想帮助谁完成的。"

男孩从来没听说过梦想和上帝还有这层关系。为了不辜负上帝的希望，从此他喜欢上了写作。

"如果我经得起考验，上帝会来帮助我的！"他怀着这样的信念开始了自己的写作生涯。3年过去了，上帝没有来；又3年，上帝还是没有来。就在他期盼上帝前来帮助的时候，希特勒的部队却先来了。他作为犹太人，被送进了集中营。在那里，数百万人失去了生命，而他却靠着"生存就是顺从"的信念活了下来。

"我又可以从事我梦想的职业了！"他怀着这种心情走出奥斯维辛集中营。1965年，他终于写出他的第一部小说《无法选择的命运》；1975年，他写出他的第二部小说《退稿》。

接着他又写出一系列的东西。

就在他不再关心上帝是否会帮助他时，瑞典皇家文学院宣布：2002年的诺贝尔文学奖授予匈牙利作家凯尔泰斯·伊姆雷。他听到后，大吃一惊，因为这正是他的名字。

当人们让这位名不见经传的作家谈谈获奖的感受时，他说："没有什么感受！我只知道，当你说，我就喜欢做这件事，多困难，我都不在乎。这时，上帝就会抽出身来帮助你。"

只要你怀有梦想，并坚持去完成，你就会实现。伊姆雷成为一位证明人。还会有更多的证明人，他们就藏在有梦想的人中间。

 **信念感悟**

　　只是敢想还很不够，目标只停留在口头上，无论如何也是不能实现的。一个自信心很强的人，必定是一个敢干的人，敢于行动的人。他决不会对生活持等待、观望的消极态度，而丧失各种机遇。他会在行动中、实践中展示自己的才华。

为成就梦想而努力

我们每个人工作都是在成就自己的梦想，都是为自己的理想与未来而工作。

一次朋友聚会，两位商界的朋友，同时谈到跟随他们十几年的女秘书。其中一位说："我的秘书脸上皱纹都跑出来了，反应比以前也差多了，总是丢三落四的，下个月要把她换掉。"

而另一位却说："我的秘书最近经常出错，不过看到她脸上的皱纹，就觉得又好气又心疼。"第一个人觉得第二个人的话很奇怪，就追问："心疼什么？"

他说："想想她从二十几岁跟着我，辛辛苦苦地工作了十几年，一转眼都快四十岁了。"实际上，这两位朋友的秘书年龄相近、能力也差不多，可是为什么在她们主管的眼里，却有如此大的差异呢？

其实道理很简单：看的角度不同。我们每个人都在工作，但我们在为谁工作呢？实际上换个角度来看，为老板干就等于为自己干。你尽职尽责地工作，固然为老板创造了价值，但同时你也实现了自我价值，而且你还从工作中获得了个人成长的机会，积累了很多的经验，接受了良好的训练，培养了优秀的品质。这些都是令你终生受益的无形资产，可见工作的最终受益者是你自己，所以，为老板干就等于为自己干。

每一位员工都应该认真地思考一下这个问题：我是在为谁工作？

虎跃客运公司的驾驶员张文涛爱干净是出了名的，无论何时何地他都穿得整整齐齐的，裤线笔直，衬衫任何时候都像是新的，黑色的皮鞋能照出容貌，风度翩翩。

也许这就是一种习惯，一种素养，张文涛对车辆的爱惜和干净更是出名。每次出车他都提前 2 个小时来到管理处，换好服装后来到车前，除了例行车辆检查外，每次都能看到他拿着抹布围着车身转来转去，仔细地用抹布擦净洗车后留下的水渍斑痕。

如果你问他，车已被洗得很"亮"了，为什么还要再检查外观呢？张文涛总是笑着说："我们是以车为生的单位，旅客首先是通过车来感受虎跃，车好比人的脸，谁都想自己的脸干净、漂亮，出门前总得照照镜子吧。"同事经常笑侃张文涛："人干净、车干净，应该在司乘会上表扬你。"可他却说："我不是为了表扬才干的，工作是给自己干的。"

一个人干净，带动了其他人。在他潜移默化的影响下，司乘人员自觉以张文涛为榜样，其他车辆的驾驶员也主动擦洗自己驾驶的车辆，乘务员也利用到达目的地后的休息时间对车辆的里里外外进行彻底的清扫，特别是车内的暖气罩、空调罩及地板上的铝条等不易察觉但又容易脏的地方，也用刷子一下一下地刷出"本色"来。他所在的车队后来也因此屡次被评为先进工作小组，他本人也多次被评为先进工作者。

如果你能够认识到是在为自己做事，你将会发现工作中包含着许多个人成长的机会。相反，如果你在工作中一直处于被动状态，你会发现，每天有一大堆的工作等着你去做，总有做不完的事。这时你会感觉工作十分艰辛、烦闷，个人情绪不佳，工作自然很难做好。不能做好本职工作的人，会错过工作中个人成长的机会。

在我们的人生中，只有我们自己才是我们命运的主人，自己的人生自己策划，自己的命运自己把握。只要自己认为有意义的工作，就不必介意别人的说法。命运就在自己手中，把握命运，做个自动自发、勤奋出色的人，绝不因挫折而崩溃。

一位著名的管理学家采访松下、索尼等大型电子公司集团的工作人员："你们在岗位上做点什么？"结果员工们有的回答："上螺丝"，有的回答："搞焊接"……

答案是五花八门，应有尽有，甚至还有人说："我在这里20年了，我一直在上螺丝。"他们的答案都没错，遗憾的是没有听到理想答案，他们没有人说："做电子产品。"更没有人说："加快人类与社会的联系，促进社会的繁荣进步。"为自己工作，能给你轻松愉快的心情，而且人们也会更加重视你，仰慕你。因为你的付出带给别人快乐，使别人从中获得利益，也实现了你自己的人生价值。

为谁工作？工作着的人们都应该问问自己。如果不弄清这个问题，不调整好自己的心态，我们很可能与成功无缘。人生离不开工作。

> 困难的事务能锻炼我们的意志，新的任务能拓展我们的才能，与别人的合作能培养我们的人格，与别人的交流能训练我们的品行。从某种意义上来说，工作真正是为了自己。

信念是走向成功的阶石

我们经常会发现，那些被认为一夜成名的人，其实在功成名就之前，早已默默无闻地努力了很长一段时间。成功是一种努力的累积，不论何种行业，想攀上顶峰，通常都需要漫长时间的努力和精心的规划。

美国第 18 任副总统亨利·威尔逊出生在一个贫苦的家庭，当他还在摇篮里牙牙学语的时候，贫穷就已经向他露出了狰狞的面孔。威尔逊 10 岁的时候就离开了家，在外面当了 11 年的学徒工，每年只能接受一个月的学校教育。

在经过 11 年的艰辛工作之后，他终于得到了一头牛和六只绵羊作为报酬。他把它们换成了 84 美元。他知道钱来得艰难，所以绝不浪费，他从来没有在娱乐上花过一美元，每个美分的使用都是经过精心算计的。

在他 21 岁之前，他已经设法读了 1000 本好书——这对一个农场里的孩子来说，是多么艰巨的任务啊！在离开农场之后，他徒步走到了 160 公里之外的马萨诸塞州的内蒂克去学习皮匠手艺。他风尘仆仆地经过了波士顿，在那里参观了邦克希尔纪念碑和其他历史名胜。整个旅行他只花费了一美元六美分。

在度过了 21 岁生日后的第一个月，他就带着一队人马进入了人迹罕至的大森林，在那里采伐圆木。威尔逊每天都是在天际的第一抹曙光出现之前起床，然后就一直辛勤地工作到星星出来为止。在一个月夜以继日的辛劳努力之后，他获得了 6 美元的报酬。

在这样的穷途困境中，威尔逊下决心，不让任何一个发展自我、提升自我的机会溜走。很少有人能像他一样深刻地理解闲暇时光的价值。他像抓住黄金一样紧紧地抓住了零星的时间，不让一分一秒无所作为地从指缝间白白流走。

12 年之后，他在政界脱颖而出，进入了国会，开始了他的政治生涯。

脚踏实地是做人所必备的素质，也是实现梦想、成就一番事业的关键因素。一步一个脚印，平和沉稳，做事踏实认真，这样的人走遍天下都受欢迎，何愁机会不找上门来。做老实人，办老实事，就是脚踏实地地做人，踏踏实实地做事。

 信念感悟

> 无论做什么事情，都要沉下心来脚踏实地地去做。要知道，你把时间花在什么地方，你就会在那里看到成绩——只要你的努力是持之以恒的。这是非常简单却又实在的道理。

信念推动我们去探索

信念能够给我们力量，并推动我们不断创新、大胆探索，以各种方式和方法去实现我们的目标。信念让我们渴望认识更广阔的未知世界，去探索真理和各种未解之谜。

信念是探索未来的基点

今天是全新的开始

告诉你一个保证你失败的规律："每当你遭受挫折时便放弃它！不要再去努力了。"如果你这样做就决不会胜利。

也告诉你一个保证你会成功的诀窍："每当你失败时，再去尝试，原谅自己的过失。"

他从小就经常下地劳动，高中毕业后，他参军离开了家乡，不久部队派他去了德国。在那儿的一间军人商店里，他买到了自己有生以来第一把吉他。你看，他这个人早就有一个梦想，一个在家从父亲买的收音机里第一次听到音乐时就产生的梦想：他想当个歌手。

有一次，他在教堂里观看了一个歌唱小组的演唱，他亲眼目睹了落幕时观众纷纷要求歌手签名的热烈情景。这也是他希望得到的荣誉。于是，他决定要好好练习唱歌，要让观众也来请他签名。

他开始在德国自学弹吉他，并练习唱歌，他甚至自己创作了一些歌曲。

服役期满后，他开始努力工作以实现当一名歌手的夙愿，可他没能马上成功。

没人请他唱歌，就连电台音乐节目广播员的职位也没能得到。

他只得靠挨家挨户推销各种生活用品维持生计，不过他还是坚持练唱。他组织了一个小型的歌唱小组在各个教堂、小镇上巡回演出，为歌迷们演唱。

最后，他灌制的一张唱片奠定了他音乐工作的基础。他吸引了两万名以上的歌迷，金钱、荣誉、在全国电视屏幕上露面——所有这一切都属于他了。他对自己坚信不疑，这使他获得了成功。他的名字叫约翰尼·卡许。

然而，卡许接着经受了第二次考验。经过几年的巡回演出，他被那些狂热的歌迷拖垮了，晚上须服安眠药才能入睡，而且还要吃些"兴奋剂"来维持第二天的精神状态。他开始沾染上一些恶习——酗酒、服用巴比妥酸盐（催眠镇静药）和安非他命（刺激兴奋性药物）。他对这些药物的欲求非常强烈，竟常常破门闯入药店获取所需的药片。他渐渐失去了观众，也不再获奖。他的朋友都试着帮助他，但他根本听不进去。他的恶习日渐严重，以致对自己失去了控制能力。

他不是出现在舞台上而是更多地出现在监狱里了。到了1967年，他每天必须吃100多片药片。

一天早晨，当他从佐治亚州的一所监狱刑满出狱时，一位行政司法长官对他说："约翰尼·卡许，我今天要把你的钱和麻醉药都还给你，因为你比别人更明白你能充分自由地选择自己想干的事。看，这就是你的钱和药片，你现在就把这些药片扔掉吧，否则，你就去麻醉自己，毁灭自己，你选择吧！"

卡许选择了生活。他又一次对自己的能力作了肯定，深信自己能再次成功。他回到纳什维利，并找到他的私人医生。医生不太相信他，认为他很难改掉吃麻醉药的坏毛病，医生告诉他："戒毒瘾比找上帝还难。"

卡许开始了他的第二次奋斗。他把自己锁在卧室闭门不出，一心一意就是要根绝毒瘾，为此他忍受了巨大的痛苦，经常做恶梦。后来在回忆这段往事时，他说，他总是昏昏沉沉，好像身体里有许多玻璃球在膨胀，突然一声爆响，只觉得全身布满了玻璃碎片。当时摆在他面前的，一边是麻醉药的引诱，另一边是他奋斗目标的召唤，结果他的信念占了上风。

9个星期以后，他又恢复到原来的样子了，睡觉不再做恶梦。他努力实现自己的计划。几个月后，他重返舞台，再次引吭高歌。他不停息地奋斗，

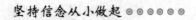
终于又一次成为超级歌星。

信念感悟

今天就是全新的开始，不要让昨天发生的事情或者昨天别人对你说的话影响你今天的行动。

信念是内在驱动力

托马斯·爱迪生试验超过 2000 次以上才发明了灯泡时，有一位年轻的记者问他失败了这么多次的感想，他说："我从未失败过一次。我发明了灯泡，而整个发明的过程刚好有 2000 个步骤。"这就是信念。指引爱迪生发明灯泡的正确的信念。

鲁西南深处有一个小村子叫姜村，这个小村子因为每一年都要有几个人考上本科、硕士甚至博士而闻名遐迩。方圆几十里以内的人们没有不知道姜村的，人们会说，就是那个出大学生的村子。久而久之，人们不叫姜村了，大学村成了姜村的新村名。

姜村只有一所小学校，每一个年级一个班。以前的时候，一个班只有十几个孩子。现在不同了，方圆十几个村，只要在村里有亲戚的，都千方百计把孩子送到这里来，人们说，把孩子送到姜村，就等于把孩子送进大学了。

在惊叹姜村奇迹的同时，人们也都在问，都在思索。是姜村的水土好吗？是姜村的父母掌握了教孩子秘诀吗？还是别的什么？

假如你去问姜村的人，他们不会告诉你什么，因为他们对于秘密似乎也一无所知。

在 20 多年前，姜村小学调来了一个 50 多岁的老教师，听人说这个教师是一位大学教授，不知什么原因被贬到了这个偏远的小村了。这个老师教了不长时间后，就有一个传说在村里流传：这个老师能掐会算，他能预测孩子的前程。有的孩子回家说，老师说了，我将来能成数学家；有的孩子说，老师说了，我将来能成作家；有的孩子说，老师说，将来我能成音乐家；有的说，老师说我将来能成钱学森那样的人，等等。

不久，家长们又发现，他们的孩子与以前不大一样了，他们变得懂事而好学，好像他们真的是数学家、作家、音乐家的材料了。老师说会成为数学家的孩子，对数学的学习更加刻苦，老师说会成为作家的孩子，语文成绩更加出类拔萃。孩子们不再贪玩，家长和老师不用像以前那样严加管教，孩子都变得十分自觉。因为他们都被灌输了这样的信念：他们将来都是杰出的人才，而有好玩、不刻苦等恶习的孩子都是成不了杰出人才的。

家长们很纳闷，也将信将疑，莫非孩子真的是大材料，被老师道破了天机？

就这样过去了几年，奇迹发生了。这些孩子到了参加高考的时候，大部分都以优异的成绩考上了大学。

这个老师在姜村人的眼里变得神乎其神，他们让他看自己的宅基地，测自己的命运。可是这个老师却说，他只会给学生预测，不会其他的。

这个老师年龄大了，回了城市，但他把预测的方法教给了接任的老师，接任的老师还在给一级一级的孩子预测着，而且，他们坚守着老教师的嘱托：不把这个秘密告诉给村里的人们。那些学生们从考上大学的那一刻起，对于这个秘密就恍然大悟了，但他们这些人又都自觉地坚守起了这个秘密。

听说完这个故事，我们应该被这位可敬的老师感动着。人世间还有什么力量能超过信念的力量呢？他通过中国最传统的方式，在这些幼小孩子的心灵里栽种了信念啊！

可见正确的信念之下，才能产生强大的力量。

 **信念感悟**

信念，是蕴藏在心中的一团永不熄灭的火炬。信念，是保证一生追求目标成功的内在驱动力。信念的最大价值是支撑人对美好事物的孜孜以求。

人生是一种探索

　　哥白尼诞生于波兰的托伦城。10岁时，父亲去世，他便跟随舅父生活。他的舅父是一位学识渊博的主教，哥白尼深受其影响，爱上了天文学和数学。早在上学的时候，就被天上的星星月亮吸引住了。他经常在晚上坐在窗前，乐趣无穷地凝望繁星闪烁的天空。有一天，他哥哥不解地问："弟弟，你为什么老是对着天空发呆？是不是在向天主祈祷？"

　　"不，哥哥，我是在观察天象，想探寻天上的奥秘。"哥白尼解释说。

　　"什么，你要管起天上的事情？天上的事有神学家操心，我们怎能去干预！"

　　"为了让人们望着天空不感到害怕，我要一辈子研究它！我还要叫星星和人交朋友，让它给海船校正航线，给水手指引航向。"

　　"你要不听我的劝告，这一辈子你可有罪受了！"哥哥以教训的口气厉声说。

　　"我主意已经打定，什么都不怕！"哥白尼斩钉截铁地说。

　　沃德卡是哥白尼少年时期最敬重的一位老师。一天，哥白尼去沃德卡家作客，老师不在。他顺手从书架上抽出一本书，打开一看，老师在折了角的地方写了一条批注："圣诞节晚上，火星和土星排成一种特殊的角度，预示着匈牙利的皇上卡尔温有很大的灾难。"

　　正在这时，沃德卡推门走进来。他见哥白尼在家里看书，高兴地说："孩子，又看什么书了？"

　　哥白尼毕恭毕敬地把书递过去，老师边接书边关切地问："能看懂吗？"

　　哥白尼认真地回答说："老师，我看不懂。火星也好，土星也好，都是天上的星星，它们与卡尔温毫无关系，怎么能预示他的祸福呢？"

　　"怎么不能呢？"沃德卡反问道，"命星决定一切！"

　　哥白尼当仁不让，大声反驳说："如果是这样，那人还有没有意志？如果有，人的意志和天上的星星又有什么关系？"

　　对于哥白尼尖刻的反驳，沃德卡并没有生气，他明白，信不信天命是关系到天文学命运的重大问题。对这个问题，他对传统的偏见有过怀疑，但又说不出道理。他踌躇再三，深情地对哥白尼说："孩子，天命决定一切，这是几千年以来的一条老规矩，我不过是拾前人的牙慧罢了。至于你提的问题，确实很有意思。但我没有能力回答你，你如有毅力的话，以后研究吧！"

老师的希望，不久就变成了现实。几十年后，哥白尼创立了"太阳中心说"的伟大理论，宣告了"天命论"的彻底破产。

王选作为汉字激光照排系统的发明者，推动了中国印刷技术的第二次革命，被称为"当代毕昇"。他在接受《中国青年》记者专访时曾说过这样一句话："年轻人认准目标，就要狂热追求。"他还说道，一个有成就的科学家，他最初的动力，绝不是想要拿个什么奖，或者得到什么样的名和利。他们之所以狂热地去追求，是因为热爱和一心想对未知领域进行探索的缘故。

信念感悟

> 人生最伟大的目标就在于行动，只有通过行动才能实现目标。

不断创造新的世界

有了坚定不移的目标，即使贫穷到买不起一本书，仍然可以通过借阅来获得知识。我们无法想象一个像林肯、威尔逊或李嘉诚一样的人，会埋没在茫茫人海中。他们经历过一次次的失败，但是因为有梦想，从不放弃努力。梦想，造就了他们强烈的内动力，也造就了他们成功的人生。

富尔顿出生于美国一个贫苦的农民家庭，从小读书很少，父母没有钱供他去学堂学习，他后来取得的成就，全凭个人的奋斗。富尔顿从小就爱幻想，譬如，当他帮大人干完农活之后，常常一个人坐在农家阁楼上，在带有木格条的小窗户中，向田野望去，看蔚蓝色的天空，苦思冥想，一坐就是几个小时。

有一天，天气晴朗，河水清澈。小富尔顿和邻居大叔一起驾着小船到河的上游去找活干。他们开始悠闲地撑着篙，逆流而上。小富尔顿到离开

自己村庄的外地去，心情格外高兴，情不自禁地唱着美国乡村的民谣。河水的"哗哗"声和小富尔顿的悠扬、婉转的歌声交织在一起，令人心醉。早晨的太阳愈升愈高了，阳光洒在水波中，像碎银洒在绿色的缎带上。

突然，水流湍急，小船在河中打转，富尔顿和邻居大叔拼命地撑篙，汗水湿透了他们的衣服，但船仅能艰难地移动。小富尔顿心里想：撑篙太费力了，假如有一种东西能让船自动行走，该多么好啊！他想象的翅膀在河中飞翔，他好像看见在河中出现了一只自动行驶的船。当他的神思又回到现实中来后，小富尔顿对邻居大叔说："大叔，撑篙既费劲，又缓慢，如果有一种东西能让船自动行走，该多么好啊！"

邻居大叔正用力撑着篙，听了小富尔顿的话，情不自禁地笑了。他用手背擦擦自己脸上的汗水，笑着说："假如有一种东西能让船自动行走，那这样东西是什么呢？"

"是啊，这东西是什么呢？"小富尔顿的脸刹那间红了起来，他用劲地撑了一下篙，低下了头，又陷入了沉思。

自此以后，"怎样使船自动行走？"就成了小富尔顿苦思冥想的中心问题。

随着富尔顿的长大，造船的幻想越来越占据他的心灵。1797 年他去法国学习绘画，可他在那里居然制成了一艘长 6 米，宽 2 米的潜艇，起名为"鹦鹉螺"。后来他结识了一位名叫利文斯顿的美国驻法国公使，利文斯顿也想发明轮船，两人志同道合。

1802 年，富尔顿又去到伦敦学习绘画，但他仍把许多精力放在钻研科学技术上。使他走运的是，他结识了蒸汽机的发明人瓦特。

1803 年，富尔顿回到巴黎，在塞纳河上建成了一艘船。可就在他准备试航的前一天，狂风将船打成两截，沉入了河底。

1807 年，富尔顿回到美国，他又造起一艘名为"克莱蒙特"号的轮船。人们把这个庞然大物看作是个怪物，把富尔顿看作是个疯子。富尔顿把各种奚落嘲讽丢在脑后。1807 年的 8 月 17 日，"克莱蒙特"号正式下水试航。如潮水般的人群目睹着这个怪物。富尔顿一声令下，船体徐徐离开船座向水中滑去，由富尔顿设计、瓦特亲手制造的发动机轰鸣起来，两侧的轮子转动起来拍打着河水，"克莱蒙特"号的远航开始了。

富尔顿这次试航的成功，使人们深深认识到轮船的威力，正式揭开了

航运史上轮船时代的序幕。尽管在富尔顿之前制造轮船的人，算起来不下
10 人，但世界却公认轮船的发明人是富尔顿。

 **信念感悟**

> 成就，永远是由那些拥有崇高志向的人创造的。像富尔顿一
> 样伟大的发明家，他们都以追求卓越为自己的终身目标，是目标
> 将他们推升到金字塔的顶部。

发现自己的优势

许多在事业上有成就的人，在童年时代、少年时代并不一定能显出锋
芒，相反，他们太平凡，甚至显出迟钝、愚笨的样子，常常要被周围的人
嘲笑、讥讽。

阿尔伯特·爱因斯坦当年被校长认为"干什么都不会有作为"的笨学
生，经过艰苦的努力，成为了现代物理学的创始人和奠基人、现代最杰出
的物理学家。正像历史学家认为 17 世纪下半叶是牛顿的时代那样，人们常
把 20 世纪的上半叶看成是爱因斯坦的时代。因为他的相对论开创了物理学
的新纪元，几乎整个 20 世纪物理学的创造历程，都有他的巨手在指引着前
进的方向。人们常说，爱因斯坦是天才，他当然是天才。

"天才是百分之九十九的汗水加上百分之一的灵感。"爱因斯坦所以取
得伟大的成就，主要是因为他无限勤奋，是因为他符合时代要求，不倦探
索，敢于创新。

爱因斯坦不但无限勤奋，他还是一位不受传统观念束缚、敢于冲破禁
区、创立新说的伟大科学家。他敢于并且善于破除迷信，解放思想，不倦
探索。当然，这首先是时代的要求。爱因斯坦生活的时代，特别是在他科
学思想最活跃、贡献最多的 20 世纪初，是科学思想新旧交替的时代。

就在绝大多数人向经典物理学顶礼膜拜的时刻，一连串"挑战"接踵
而来。在平静而晴朗的物理学太空中挂着两朵乌云：一朵和黑体辐射实验

有关，另一朵和以太漂流实验有关。另外，放射性和电子的发现，也有力地冲击着经典物理学的大厦。爱因斯坦正是在这样的时代背景下涌现出来的猛将。

爱因斯坦还在少年时代，就把自己想象成一个追赶光线的人。关于光线的想法引出了狭义相对论。他又设想：假如吊索断了，一架升降机坠入深谷，里面的乘客会有什么感觉。这个想法导出了广义相对论。科学理论的发展，不是拆了旧房盖新房。它像登山一样，创立一个新理论就像登上一座高峰。

视野扩大了，原来隐蔽着的东西被发现了。原有的理论仍然历历在目，只是显得小了，成了广阔视野中的一小部分。他在登上狭义相对论和广义相对论的高峰以后，没有满足，没有停止。他环顾四周上下，看到宇宙间无比壮丽的景色，拍拍身上的尘土，又准备攀登新的高峰——统一场论。这是相对论的第二阶段。他希望把引力场和电磁场统一起来，而且希望这统一的场能够解释量子力学所不能解释的问题。

爱因斯坦最反对这样的科学家，他们"拿起一块木板，寻找最薄的部位，在容易钻孔的地方，钻上许许多多孔"。他把自己的"钻头"，对准统一场论上最厚的地方，希望把电磁力和引力统一起来，给物质结构一种统一的解释。

他也知道统一场论不会在自己手里完成。可是他认为，"在科学上，每一条道路都应该走一走。发现一条走不通的道路，就是对于科学的一大贡献。科学史只写某人某人取得成功，在成功者之前探索道路，发现'此路不通'的失败者统统不写，这是很不公平的。那种证明'此路不通'的吃力不讨好的工作，就让我来做吧"。

他给比利时王太后伊丽莎白的信里是这样写的，"留给我的事情是：毫不悯惜自己，研究困难的科学问题。那个工作迷人的魔力，将持续到我停止呼吸"。

爱因斯坦是这样写的，也是这样做的。他在神圣的好奇心的驱使下，勇敢地深入探索宇宙。他探索了几十年，直到最后一息。他在生命弥留之夜，在医院的病榻旁还放着一叠统一场论的未完成稿，准备翌晨醒来再继续演算。爱因斯坦对统一场论的探索，正是他一生追求真理的那种毫不气馁的热情和顽强性格的写照。

生活就是追求真理。正像德国剧作家莱辛说的："对真理的追求比对真理的占有更为可贵。"爱因斯坦在勤奋的工作中，在追求真理的探索中度过了一生。他有限的生命已经结束。但是，人们在心里建起了纪念他的殿堂。

可见，一个人不聪明并不可怕，可怕的是自己先泄自己的气。只要你肯为你的目标付出艰辛的劳动，并配合正确的方法，就一定会得到成功女神的酬劳。如果因为自己笨就灰心丧气，不再努力，那不是将自己潜在的才华、能力都扼杀在摇篮中了吗？

 **信念感悟**

> 其实，每一个人都有不同的才能，每一个人在生命的长河中都会找到属于自己的星星。如果你觉得自己笨，那是因为你还没有寻找到你自己的星星。正如爱因斯坦对别的事物迟钝，却对物理和数学特别喜爱一样，当你找到自己的星星时，你定会放射出与众不同的异彩。

为自己的信念努力进取

一个有责任感的员工，不仅仅只完成他自己分内的工作，而且他会时时刻刻为企业着想。比如，他发现公司的员工最近一段时间工作效率比较低，或者他听到一些顾客对目前公司员工服务的抱怨，他就会把自己的想法和如何改进的方案写出来投到员工信箱中，为管理者改善管理提供一些参考。而有一些员工就不会发现这些问题，或者发现了也不会反馈到管理层，他们总认为那是领导者的事，我们瞎操什么心呀，说不定，费力不讨好呢。

事实上，你的费力绝对不是不讨好的。一名真正有责任感的领导者会非常感激这样的员工，而且他会很欣慰，因为他的员工能够如此关爱自己的企业，关注着企业的发展。他也会为这样的员工感到骄傲，也只有这样

的员工才能够得到企业的信任。

维斯卡亚公司是美国20世纪80年代最为著名的机械制造公司，其产品销往全世界，并代表着当今重型机械制造业的最高水平。许多人毕业后到该公司求职遭拒绝，原因很简单，该公司的高技术人员爆满，不再需要各种高技术人才。但是令人垂涎的待遇和足以自豪、炫耀的地位仍然向那些有志的求职者闪烁着诱人的光环。

詹姆斯和许多人的命运一样，在该公司每年一次的用人测试会上被拒绝申请。其实这时的用人测试会已经是徒有虚名了。詹姆斯并没有死心，他发誓一定要进入维斯卡亚重型机械制造公司。于是他采取了一个特殊的策略——假装自己一无所长。

他先找到公司人事部，提出为该公司无偿提供劳动力，请求公司分派给他任何工作，他都不计任何报酬来完成。公司起初觉得这简直不可思议，但考虑到不用任何花费，也用不着操心，于是便分派他去打扫车间里的废铁屑。一年来，詹姆斯勤勤恳恳地重复着这种简单但是劳累的工作。为了糊口，下班后他还要去酒吧打工。这样虽然得到老板及工人们的好感，但是仍然没有一个人提到录用他的问题。

1990年初，公司的许多订单纷纷被退回，理由均是产品质量有问题，为此公司将蒙受巨大的损失。公司董事会为了挽救颓势，紧急召开会议商议解决，当会议进行一大半却尚未见眉目时，詹姆斯闯入会议室，提出要直接见总经理。在会上，詹姆斯把对这一问题出现的原因作了令人信服的解释，并且就工程技术上的问题提出了自己的看法，随后拿出了自己对产品的改造设计图。

这个设计非常先进，恰到好处地保留了原来机械的优点，同时克服了已出现的弊病。总经理及董事会的董事见到这个编外清洁工如此精明在行，便询问他的背景以及现状。詹姆斯面对公司的最高决策者们，将自己的意图和盘托出，经董事会举手表决，詹姆斯当即被聘为公司负责生产技术问题的副总经理。

原来，詹姆斯在做清扫工时，利用清扫工到处走动的特点，细心察看了整个公司各部门的生产情况，并一一作了详细记录，发现了所存在的技术性问题并想出解决的办法。为此，他花了近一年的时间搞设计，做了大量的统计数据，为最后一展雄姿奠定了基础。

詹姆斯是一个为自己的理想、信念而付诸行动的人，他不在乎自己只是一个编外清洁工，因为他有自己的信念，并为自己的信念努力进取，为自己的发展准备了充分的条件，最终实现了自己最初的梦想。

信念感悟

一个人目前拥有多少并不重要，重要的是，他打算获得多少。我们在世界上的价值相当于我们为自己预定的价值。

像成功者那样思考

成功人士中几乎没有谁能解释得清为什么自己会执著地追求事业，把全部的精力只集中于一点。好像有一股看不见的神秘力量在指引着他们，而所作所为不过是顺应内心深处的启示而已。

在一次公开的空手道表演赛中，黑带高手以七段的实力，用手劈开十余块叠在一起的实心木板，赢得观众热烈的喝彩声。

表演结束后，一位好奇的小男孩到后台找到这位空手道高手，请教他是如何做到的。

黑带高手将十余块木板叠了起来，亲切地搭着男孩的肩头，问他："如果你想劈开这叠木板，你的着力点会放在木板的哪里？"

小男孩指着木板的中心部分："这里，我想一定要打在中心点。"

空手道高手笑道："也对，木板架高时的中心点，的确是最脆弱的部分。不过，如果你将着力点放在最上面这块木板的中心，当你的掌击中那一点，会遭受同等力的反击，将令你的手掌反弹且疼痛不已。"

小男孩不解地问："那究竟该把注意力放在木板的哪个部分？"

空手道高手指着最下面那块木板的下方："这里，把你所有的注意力及着力点，放在整叠'木板'的下方某一点。当你的注意力只看到木板的下方时，由上而下砍劈的手掌就能轻易地通过每一块木板，而达到你心里所想定的那一点。"说着，空手道高手右手一扬，又劈开了那叠

木板。

空手道高手的一席话，确实是对实现梦想、达成目标的最佳启示。

一般人之所以不成功，正是因为他们永远将注意力放在木板的最上方。于是眼中见到的，只有困难、挫折、不可能……，等等，种种的阻碍横在他们的意识中。并非他不能成功，而是他将注意力定在自己所不想要的东西之上。

成功者和一般人的差别在于，他将眼光放在整叠"木板"的下方那一点。成功者只看到他想要的目标，并不在乎自己是否具备足够的能力去达成。当他真正想要达到那个目标时，便会引导自己透过学习而获得足够的能力，然后通过所有的障碍，正如手掌通过木板一般，成功地达到坚定不移的目标所在。

信念感悟

> 停止将意念的能量消耗在您忧虑的事情上。用心地、认真地去凝聚注意力在您真正想要的目标之上。然后，用力一击，马上行动，通过您不断地努力学习，就能达到您的目标。

为自己插上成功的翅膀

成就平平的人往往是善于发现困难的天才，善于在每一项任务中都看到困难。他们莫名其妙地担心，使自己丧尽勇气。一旦开始行动，就开始寻找困难，时时刻刻等待困难出现。当然，最终他们发现了困难，并且为困难所击败。

他们善于夸大困难，缺少必胜的决心和勇气。即使为了赢得成功，也不愿意牺牲一点点安乐和舒适作为代价。总是希望别人能帮助他们，给他们支持。

如果机遇总是不曾垂青他，他总是找不到自己喜欢做的事，那他就会承认自己不是环境的主人，他不得不向困难低头，因为他没有足够的力量。

那些只看到困难的人有一个致命弱点，就是没有坚强的意志去清除障碍。他没有下定决心去完成艰苦工作的意愿。他渴望成功，却不想付出代价。他习惯于随波逐流，浅尝辄止，贪图安乐，胸无大志。

这些人似乎戴着一副有色眼镜，除了困难什么也看不见。他们前进的路上总是充满了"如果"、"但是"、"或者"和"不能"。

一个会取得成功的年轻人也会看到困难，但却从不惧怕，因为相信自己能战胜，他相信勇往直前的勇气能扫除一切障碍。

莫泊桑13岁那年，考入了里昂中学，他的老师布耶，是当时著名的巴那斯派诗人。布耶发现莫泊桑颇有文学才能，就把他介绍给福楼拜。

福楼拜是世界闻名的作家，当时在法国享有崇高的声誉。他看了看莫泊桑的作品，对他说："孩子，我不知道你有没有才气。在你带给我的东西里表明你有某些聪明，但是，你永远不要忘记，照布封（法国作家）的说法，才气就是坚持不懈，你得好好努力呀！"

莫泊桑点点头，把福楼拜的话牢牢记在心里。

福楼拜想考一考莫泊桑的观察能力和语言功底。一天，福楼拜带莫泊桑去看一家杂货铺，回来后要莫泊桑写一篇文章，要求所写的货商必须是杂货铺的那个货商，所写的事物只能用一个名词来称呼，只能用一个动词来表达，只能用一个形容词来描绘，并且所用的词，应是别人没有用过甚至是还没有被人发现的。

多苛刻的要求啊！但莫泊桑理解福楼拜的良苦用心，他写了改，改了写，反反复复，努力朝福楼拜提出的要求奋斗着。

在福楼拜的严格要求下，莫泊桑的学业进步飞快。后来，他开始写剧本和小说，写完就请福楼拜指点，福楼拜总是指出一大堆缺点。莫泊桑修改后想要寄出发表，但是福楼拜总是不同意，并且告诉他，不成熟的作品，不要寄往刊物上发表。

刚开始，莫泊桑唯命是从，福楼拜不点头，他就把文稿放在柜子里。慢慢的，文稿竟堆起来有一人多高，莫泊桑开始怀疑：福楼拜是不是在有心压制自己？

一天，莫泊桑闷闷不乐，到果园去散心。他走到一棵小苹果树跟前，只见树上结满了果子，嫩嫩的枝条被压得贴着了地面，再看看两旁的大苹果树，树上虽然也果实累累，但枝条却硬朗地支撑着。这给了他一个启示：

一个人，在"枝干"未硬朗之前，不宜过早地让他"开花结果"，"根深叶茂"后，是不愁结不出丰硕的"果实"来的。从此，他更加虚心地向福楼拜学习，决心使自己"根深叶茂"起来。

1880 年，莫泊桑已经到"而立之年"了。一天，他拿着小说《羊脂球》向福楼拜请教。福楼拜看后拍案叫绝，要他立即寄往刊物上发表。果然，《羊脂球》一面世，立即轰动了法国文坛，莫泊桑顿时成为法国文学界的新闻人物，同时，他也登上了世界文坛。

信念感悟

信念可以超越困难，可以突破阻挠，可以粉碎障碍。信念最终会让你达到自己的理想。其实，很多看似不可能的事情，你坚持勇敢地接受，你便可以完成。莫泊桑不怕福楼拜的苛求，一遍又一遍地修改，最终让他的作品成为传世佳作。

让伟人唤醒我们的信念

不论做什么事，成功的关键在于我们行动之前对自己有什么样的期望，定什么样的目标。你应该懂得，你用什么样的标准衡量自己，别人就会用什么样的标准来评估你。爱默生说："紧紧追踪四轮车到星球上去，要比在泥泞道上追踪蜗牛行迹更容易达到自己的目标!"人生要想成功，就要一点一滴地奠定基础。先给自己设定一个切实可行的目标，确实达到之后，再迈向更高的目标。

诞生于咖啡屋的《哈利·波特》

每个人都会有想象，但想象最终总被岁月无情地夺去，只留下苍白而又简单的色彩。在这个世俗而又讲求直接的物质社会中，人们总是认为想象与成功之间的距离遥不可及。其实并不是如此，成功与失败的分水岭其实就是能否坚持自己想象，是否真的热爱自己的事业。

有一个信念，就能够使你很好地完成承担的工作，就会使你在工作中很有信心，你坚持着信念并在实践中想方设法去做好工作，信心就会更强。这就是你的行动加深了你的心态。

23 岁的 J. K. 罗琳是个有着丰富想象力的女孩。除此之外，她和每一个同龄人都一样，平常的父母，平常的相貌，大学也一样平常。

大学的宽松环境让她有了更多的时间去想象，她的脑海中常会出现童话中的情景：穿着白衣裙的美丽姑娘、蔚蓝的天空、绿绿的草地，当然，还有巫婆和魔鬼……他们之间有着许多离奇的故事，她常常把这些想法写下来，而且乐此不疲。

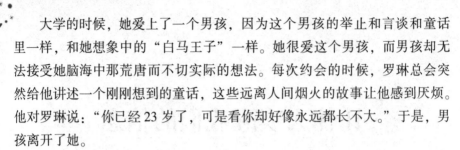

大学的时候，她爱上了一个男孩，因为这个男孩的举止和言谈和童话里一样，和她想象中的"白马王子"一样。她很爱这个男孩，而男孩却无法接受她脑海中那荒唐而不切实际的想法。每次约会的时候，罗琳总会突然给他讲述一个刚刚想到的童话，这些远离人间烟火的故事让他感到厌烦。他对罗琳说："你已经23岁了，可是看你却好像永远都长不大。"于是，男孩离开了她。

失恋的打击并没能让罗琳的梦想停止，她坚持着想象和写作。25岁，她带着一些淡淡的忧伤和改变生活环境的想法，来到了向往已久具有浪漫色彩的葡萄牙。很快，她便在那找到了一份英语教师的工作，业余时间仍然坚持着写她的童话。

不久后，一位青年记者走进了她的生活，他的幽默、风趣以及才华横溢打动了她，他们很快步入了婚姻的殿堂。而事实并没有如她想象的那样美好，她的奇思异想还是让丈夫苦不堪言。丈夫开始和其他的姑娘来往。很快的，他们的婚姻走到了尽头，女儿留给了她。

罗琳经受了生命中最沉重打击。祸不单行，离婚后不久，她又被学校解聘了，在葡萄牙无法立足的她只能回到了自己的故乡，靠领取社会救济金和亲友的资助生活。即使这样，她还是没有停止写作，她的要求很低，只是把这些童话故事讲给女儿听。

一次，她在英格兰乘地铁，坐在冰冷的椅子上等晚点的地铁到来，一个人物造型突然涌上心头。回到家，她铺开稿纸，多年的生活阅历让她的灵感和创作热情一发不可收拾。不久后，长篇童话《哈利·波特》问世了，原本出版商并不看好这本书，出版后，竟有意想不到的效果，一上市就畅销全国，达到了数百万之巨，所有人都为此感到吃惊。

现在，J. K. 罗琳被评为"英国在职妇女收入榜"之首，被美国著名的《福布斯》杂志列入"100名全球最有权力名人"，名列第25位。

对你所做的工作，要充分认识到它的价值和重要性，它对这个世界来说是不可或缺的。全身心地投入到你的工作中去，把它当作你特殊的使命，把这种信念深深植根于你的头脑之中！

> 就像美一样，源源不断的想象，使你永葆青春，让你的心中永远充满阳光。记得有两位伟人如此警告说："请用你的所有，换取对这个世界的理解。"我要这样说："请用你的所有，换取你对理想与目标的想象。"

帕瓦罗蒂的选择

点燃态度的火种，是"目标"与"热情"。曾被《华尔街日报》誉为"态度之星"的凯斯·哈维尔在其著作《态度万岁》中指出：要培养态度，首先必须先找出人生"目标"与"热情"。没有"目标"与"热情"，很容易迷失方向，深陷于挫折中。有了梦想，立即把它写下，并为它定下可操作的行动策略，只要目标一确定，就告诉自己，"永不放弃、永不停止"，勇敢面对任何挫折及挑战。

1935 年，名震世界的男高音歌唱家帕瓦罗蒂出生在意大利的一个面包师家庭。他的父亲是个歌剧爱好者，他常把卡鲁索、吉利、佩尔蒂莱的唱片带回家来听，耳濡目染，帕瓦罗蒂也喜欢上了唱歌。小时候的帕瓦罗蒂就显示出了唱歌的天赋。长大后的帕瓦罗蒂依然喜欢唱歌，但是他更喜欢孩子，并希望成为一名教师。于是，他考上了一所师范学校。在师范学校学习期间，一位名叫阿利戈·波拉的专业歌手收帕瓦罗蒂为学生。

临近毕业的时候，帕瓦罗蒂问父亲："我应该怎么选择？是当教师呢，还是成为一个歌唱家？"他的父亲这样回答："卢西亚诺，如果你想同时坐两把椅子，你只会掉到两把椅子之间的地上。在生活中，你应该选定一把椅子。"

听了父亲的话，帕瓦罗蒂选择了教师这把椅子。不幸的是，初执教鞭的帕瓦罗蒂因为缺乏经验而没有权威。学生们就利用这点捣乱，最终他只好离开了学校。于是，帕瓦罗蒂又选择了另一把椅子——唱歌。

17 岁时，帕瓦罗蒂的父亲介绍他到"罗西尼"合唱团，他开始随合唱团在各地举行音乐会。他经常在免费音乐会上演唱，希望能引起某个经纪人的注意。

可是，近 7 年的时间过去了，他还是无名小辈。眼看着周围的朋友们都找到了适合自己的位置，也都结了婚，而自己还没有养家糊口的能力，帕瓦罗蒂苦恼极了。偏偏在这个时候，他的声带上长了个小结。在菲拉拉举行的一场音乐会上，他就好像脖子被掐住的男中音，被满场的倒彩声轰下台。失败让他产生了放弃的念头。

这时冷静下来的帕瓦罗蒂想起了父亲的话，于是他坚持了下来。几个月后，帕瓦罗蒂在一场歌剧比赛中崭露头角，被选中于 1961 年 4 月 29 日在雷焦埃米利亚市剧院演唱著名歌剧《波希米亚人》，这是帕瓦罗蒂首次演唱歌剧。演出结束后，帕瓦罗蒂赢得了观众雷鸣般的掌声。

第二年，帕瓦罗蒂应邀去澳大利亚演出及录制唱片。1967 年，他被著名指挥大师卡拉扬挑选为威尔第《安魂曲》的男高音独唱者。从此，帕瓦罗蒂的声名节节上升，成为活跃于国际歌剧舞台上的最佳男高音。

当一位记者问帕瓦罗蒂成功的秘诀时，他说："我的成功在于我在不断的选择中选对了自己施展才华的方向，我觉得一个人如何去体现他的才华，就在于他要选对人生奋斗的方向。"

一个人如何去体现他的才华，就在于他要选对人生奋斗的方向。只有选对了方向，才会取得成功。

信念感悟

> 不管你的目标如何，如果你在内心里，对你所追求的，有个很清晰的轮廓，并且假想已经拥有了，那么你就会进入能帮助你实现愿望的状态。

逆境中成长的女数学家

每一个成功者在奋斗初期都和普通人一样，向着自己的既定目标努力前进。遭遇逆境是人生旅途中难免的事，不要惧怕，应该勇敢地面对它，逆境有如人生道路上的筛子，它让强者通过，而把弱者留下。

1933 年 1 月，希特勒一上台，就发布第一号法令，把犹太人比作"恶魔"，叫嚣着要粉碎"恶魔的权利"。不久，哥廷根大学接到命令，要学校辞退所有从事教育工作的纯犹太血统的人。在被驱赶的学者中，有一名妇女叫爱米·诺德（A. E. Noether1882 ~ 1935），她是这所大学的教授，时年51 岁。她主持的讲座被迫停止，就连微薄的薪金也被取消。这位学术上很有造诣的女性，面对困境，却心地坦然，因为她一生都是在逆境中度过的。

诺德生长在犹太籍数学教授的家庭里，从小就喜欢数学。1903 年，21岁的诺德考进哥廷根大学，在那里，她听了克莱因、希尔伯特、亚可夫斯基等人的课，与数学结下了不解之缘。她学生时代就发表了几篇高质量的论文，25 岁便成了世界上屈指可数的女数学博士。

诺德在微分不等式、环和理想子群等研究方面作出了杰出的贡献。但由于当时妇女地位低下，她连讲师都评不上。在大数学家希尔伯特的强烈支持下，诺德才由希尔伯特的"私人讲师"成为哥廷根大学第一名女讲师。接下来，由于她科研成果显著，又在希尔伯特的推荐下，取得了"编外副教授"的资格，虽然她比起很多"教授"更有实力。

诺德热爱数学教育事业，善于启发学生思考。她终生未婚，却有许许多多"孩子"。她与学生交往密切，和蔼可亲，人们亲切地把她周围的学生称为"诺德的孩子们"。我国代数学家曾炯之就是诺德"孩子们"中的一个。

在希特勒的命令下，诺德被迫离开哥廷根大学，去了美国工作。在美国，她同样受到学生们的尊敬和爱戴，同样有她的"孩子们"。1934 年 9月，美国设立了以诺德命名的博士后奖学金。不幸的是，诺德在美国工作不到两年，便死于外科手术，终年 53 岁。她的逝世，令很多数学同僚无限悲痛。爱因斯坦在《纽约时报》发表悼文说："根据现在的权威数学家们的判断，诺德女士是自妇女受高等教育以来最重要的富于创造性的数学天才。"

荣誉的桂冠是由荆棘编织出来的。但是，人生的真谛就是"人生难有几回搏"。

信念感悟

> 凡是生活的强者，在困难的面前都具有挑战性，遇到逆境，他们就像进入竞技场的优秀运动员那样，立即兴奋起来，调动全身的活力，夺取胜利。

永远微笑的肯德基大叔

或许有的人大半生都一帆风顺，积累财富，广交朋友，声望日隆，个性仿佛也很坚强。但灾难突降，他们失去了所有的一切。他们被击倒了，绝望了。物质的损失吞没了他们生存的勇气，他们觉得希望渺茫。

但是，即使是一个无知到不会写自己名字的人，如果他有坚韧的承受力，他还是有希望的；只要有勇气，就有希望。如果经受一次打击就灰心丧气，难以自拔，毫无斗志，那他就没有希望。这正是考验他的时候，在失去了所有身外之物之后，他还有自己！

在世界的各个角落，在每个城市，我们会常常看到一个老人的笑脸，花白的胡须，白色的西装，黑色的蝴蝶结，永远都是这个打扮。然而这个笑容，恐怕是世界上最著名、最昂贵的笑容了，因为这个和蔼可亲的老人就是著名快餐连锁店"肯德基"的招牌和标志——哈兰·山德士上校，当然也是这个著名品牌的创造者。而这个品牌的建立并不是一帆风顺的。

二战爆发的时候，新建横贯肯塔基的跨州公路计划最后确定并向大众公布了，本已小有名气山德士餐厅所在地准备修建高速公路，餐厅被迫关门使山德士的雄心和热情一下子降到了冰点。他不得不变卖资产以偿还开餐厅时所欠下的债务，但是所得的款项只相当于餐厅关门前的总资产的一半。为了还清债务，他连银行存款也用光了。一下子，哈兰·桑德斯从人人尊敬的富翁变成了一个一文不名的穷人。

这时的山德士66岁了，所能依靠的只是自己每月105美元的救济金。山德士并不想就此了却自己的一生，况且这点救济金根本不能维持生活，还是要靠自己。

　　山德士冥思苦想，他拥有的最大价值的东西就是炸鸡了，这是一笔巨大的无形资产。突然，他想起曾经把炸鸡做法卖给犹他州的一个饭店老板。这个老板干得不错，所以又有几个饭店老板也买了山德士的炸鸡材料。他们每卖1只鸡，付给山德士5美分。困境之中的山德士想，也许还有人这样做，没准这就是事业的新起点。就这样，山德士上校开始了自己的第二次创业。

　　身穿白色西装，打着黑色蝴蝶结，一身南方绅士打扮的白发上校停在每一家饭店的门口，从肯塔基州到俄亥俄州，兜售炸鸡秘方，要求给老板和店员表演炸鸡。如果他们喜欢炸鸡，就卖给他们特许权，提供材料，并教他们炸制方法。

　　开始时没人相信他，饭店老板甚至觉得听这个怪老头胡诌简直是浪费时间。山德士的宣传工作做得很艰难，整整两年，他被拒绝了1009次，终于在第1010次走进一家饭店时，得到了一句"好吧"的回答。有了一个人，就会有第二个人，在山德士的坚持之下，他的想法终于被越来越多的人接受了。

　　1952年，盐湖城第一家被授权经营的肯德基餐厅建立了，这便是世界上餐饮加盟特许经营的开始。

　　1955年山德士上校的肯德基有限公司正式成立。与此同时，他接受了科罗拉多一家电视台脱口秀节目的邀请。由于整日忙于工作，他只有找出唯一一套清洁的西装——白色的棕榈装，戴上自己多年的黑框眼镜，出现在大众面前。老南方上校烹制炸鸡的形象，很快就吸引了众多记者和电视主持人，70岁的山德士被吵嚷着要同他合作的人团团包围，要买特许权的餐馆代表还蜂拥而至。为此他建起了学校，让这些餐馆老板到肯德基来学习怎样经营特许炸鸡店。

　　1964年，一位年仅29岁的年轻律师约翰·布朗和60岁的资本家杰克·麦塞等人组成的投资集团被山德士的事业深深打动，他们想用200万美元来购买该项事业。虽然这是笔不小的数额，虽然心中极为不舍，但考虑到自己74岁了，山德士还是同意了，把接下来的事业交给下一代去做。

　　在大家的眼中，退休的山德士总该好好歇歇了，但是这个永不知疲倦的老人又开始了另一项工作。自从在电视上露面之后，他的打扮已经成为肯德基独一无二的注册商标，人们一看到他，就会自然想起山德士上校的

传奇经历和他永远笑呵呵的样子。为此山德士经常开玩笑说："我的微笑就是最好的商标。"

山德士没有依靠那微薄的救济金生活，而是依靠自己的能力和积极的心态，创造了自己的品牌王国。

信念感悟

消极就像一剂慢性毒药，吃了药的人会慢慢地变得意志消沉，失去任何动力。选择了积极心态的人，才会达到成功的彼岸。

追求自己的梦想

有梦想是一回事，有真才实学去实现梦想又是一回事。别害怕自己的能力有限，也不要盲目，假如数学难倒了你，你可能没有机会成为量子物理学家；假如你已经五六十岁了，那你也无法成为职业篮球运动员。如果这个梦想不通，就去做你想实现的另外一个梦想。仔细想想你的专长和嗜好，为你想实现的梦想而努力。

"俄罗斯文学之父"普希金出生于没落贵族家庭。他的父亲和伯父都是当时颇负盛名的诗人，因此常有一些文化名流在他家做客。普希金的双亲很少关心孩子，一切都交给家庭教师去照料。照料普希金的是一位农奴出身的保姆，她经常给他讲动听的民间故事，从丰富多彩的民间故事里，普希金汲取了充足的文学养料。

父亲和伯父的藏书室有很多的文学方面的书籍，在这里他接触了大量的俄国和世界文学名著，耳濡目染，他慢慢地爱上了文学。他七八岁时便学写诗。他还经常到戏院看戏，每次看戏回来，都写点感想，并喜欢用诗歌形式来表达，渐渐地写诗作文成了他的习惯。

12岁时，普希金进入彼得堡皇村学校读书。有一天上作文课，老师出了一个"日出"的题目，要学生或作文或作诗。许多同学觉得这个题目太难了，他们绞尽脑汁、搜肠刮肚也写不出来。普希金略加思索，就提笔写

了起来。当他完成作文后,听到一位同学叫苦道:"唉,我想了半天只想出了一句来。"普希金对他说:"请你说那一句吧。"

那同学念道:"大自然的主人从东方升起,"

普希金立即接下去道:"众百姓又惊又喜。"

"不知该怎么办,"

"起床呢,还是躺在被里?"……

就这样一句接一句,那个同学的思路就打开了。大家对普希金才思敏捷非常佩服,此后便称他为"少年才子"。

普希金14岁那年,皇村学校举行公开考试,许多作家、诗人都来观看,著名作家杰尔查文也来了。这位文坛老前辈年事已高,因考试过程中没有听到杰出文章,就在主考席上打起瞌睡来。可是,当他听到普希金朗诵长诗《皇村回忆》时,突然显得精神焕发。朗诵一结束,杰尔查文便问这首诗是谁修改的。当他得知没有经过别人修改时,便十分激动。

普希金积极参加反对封建专制的政治斗争和文化生活。在他17岁时写的诗篇《自由颂》中,对封建暴君做了这样大胆的谴责:"专制独裁的暴君,我憎恨你,憎恨你的宝座!"这一诗篇被人们以手抄方式广为流传。他在《致普柳斯科娃》一诗中写道:"我只愿歌颂自由,只向自由奉献诗篇;我诞生到世上,不是为了用羞怯的竖琴讨取帝王的欢心。"

他写的著名童话诗《渔夫和金鱼的故事》、叙事诗《茨冈》和长篇小说《上尉的女儿》,等等,都成为流传千古的不朽之作。

信念感悟

我们绝大多数人都有自己的理想和目标,但实现理想的第一步则是必须学会醒目地亮出自己,为自己创造机会。

创造自己风格的夏奈尔

许多人总是等到自己有了一种积极的感受,才去付诸行动,这些人实际上在本末倒置。积极行动会导致积极思维,而积极思维会导致成功的人生。

美国亿万富翁、工业家卡耐基说过："一个对自己的内心有完全支配能力的人对他自己有权获得的任何其他东西也会有支配能力。"当我们为自己设立了一个目标，并积极地去行动，我们就开始成功了。

相信对于所有追求时尚的人来说，夏奈尔绝对不是一个陌生的名字。它不仅仅是一个时装的品牌、一个香水的品牌，也是一位伟大女性的名字。

1883 年 8 月 19 日，法国的卢瓦尔河畔的索米尔小镇，夏奈尔出生了。她的全名是加布理埃勒·夏奈尔。夏奈尔 12 岁时，母亲去世了，夏奈尔在孤儿院度过了少年的黯淡时光。17 岁，她来到另一个小镇，进入了修道院。在法国，妇女的地位是低下的，而没有一个好家境的女孩要想在社会上生存，是非常艰难的。孤儿院的生活使她明白，高超的针织手艺对于女性而言非常重要，她可以通过针线活来养活自己。于是，18 岁那年，她就到一家商店做助理缝纫师。

夏奈尔的卑微出身和早年生活给她的服装理念打上了深刻的烙印。周围的成年妇女穿的工作服使她相信，妇女需要的不是繁琐的装扮，而是适合她们日益活跃生活方式的宽松舒适的衣衫。夏奈尔认为："女人为造成她们举止不便的服饰所束缚，从而被迫依赖于仆人和男人。"孤儿院穷苦的生活渗入她的设计风格：朴素端庄、简明大方。

她开始设计黑帽，白色短衫，简单素洁的短上衣。同时，在她工作的小镇，有许多驻兵，尤其是那些朝气蓬勃的骑兵制服给她留下了深刻的印象，这无疑也成为此后几十年里著名的镶边服装的灵感来源。20 多岁时，夏奈尔遇上了富有的骑士卡佩尔，1908 年，在这个人的资助下，夏奈尔开了第一家帽子店，她的帽子宽大实用，受到了许多妇女的欢迎。

1912 年，趁热打铁的夏奈尔又在法国上流社会的度假圣地——诺曼底开了自己的第一家服装店。很快，她极富个性的运动衫、开领衬衫、短裙、男式雨衣受到了时髦女郎的注意。不仅如此，为了扩大宣传，夏奈尔让自己的姐姐穿上自己设计的新式服装，到城里最繁华的地方吸引妇女们的注意，这差不多是最早的一种广告形式了。夏奈尔的事业越来越成功了。

1918 年，夏奈尔的亲密爱人卡佩尔因车祸遇难，第一次世界大战爆发，而夏奈尔依然坚强地发展自己的事业。1924 年，她推出了著名的黑色小礼服，掀起了世界服饰的革命。她强调的是舒适性、方便性和实用性。在当时第一次世界大战，男性上战场，女性负起持家工作，之后职业妇女渐渐兴起，因此需要较实用的服装，夏奈尔的服装正好符合这个趋势，她的事业也蓬勃发展。

战后她认为手工定做服装不适合大众需要，虽然手头上有当时约两百位名女人的订单（包括伊丽莎白·泰勒、英格丽·褒曼），她还是决定投入成衣这个市场，这让夏奈儿企业成为数一数二的服饰大企业。

夏奈尔并没有满足自己取得的成绩，自1920年开始，夏奈尔开始提倡整体形象，这当然是从头到脚，还包含配件、化妆品、香水。对她来说，一个女人不该只有玫瑰和铃兰的味道，香水会增添女性无穷的魅力。于是，她推出了夏奈尔5号香水，这是第一瓶由服装设计大师推出的世纪经典香水。当著名的好莱坞影星玛丽莲·梦露用性感而充满磁性的声音对全世界说："夜里，我只'穿'夏奈尔5号。"，全世界都为之疯狂了。

谁想收获成功的人生，谁就要当个好农民。我们决不能仅仅播下几粒种子，然后指望不劳而获，我们必须给这些种子浇水，给幼苗培土施肥。要是疏忽这些，野草就会丛生，夺去土壤的养分，直至庄稼枯死。照看好生机勃勃的庄稼，别给野草浇水。

也正是如此，夏奈尔的事业并没有就此停滞，她不断地创造属于自己的风格。到了70岁，她依然为自己的服装实业推陈出新，她受到了世界女性的推崇。

信念感悟

> 如果一个人只是等待着感觉把自己带向行动，那他就永远也做不了大事。

剧坛泰斗莎士比亚

有什么样的目标，就有什么样的人生。这是真谛，也是无数人证明过的公理。对于一个正在发展中的人来说，你今天站在哪个位置并不重要，但你下一步迈向哪却很关键。

在一些著名人物的传记中，我们经常可以看到，他们往往要等上很多年，才能够获得成功。英国作家托尔金把自己半辈子的心血都花在他的三部曲史诗《行会首领》上。法国的萨特几乎用了 10 年的时间来写他的第一本书。

在 10 年的时间当中，萨特只专心撰写这唯一的一本书，三易其稿，可是最后却遭到了所有出版商的拒绝。试想一下：如果没有一个远大的愿望和梦想支撑着他们，他们能有这么大的动力吗？如果他们没有自己的梦想作为动力，他们又怎么会牺牲自己生命中这么多宝贵的时间呢？

莎士比亚 13 岁的时候，父亲破产了，一家人的生活失去了依托。他只得中途退学，帮助父母维持生意，做些家务。困苦的生活并没有使莎士比亚心灰意冷。他那充满幻想的头脑，对任何事情都有浓厚的兴趣：大自然的美丽景色，使他赏心悦目；老人们讲述的动人故事，叫他浮想联翩；对未来的生活，他充满了憧憬。

剧团的演出在莎士比亚记忆的屏幕上总是留下那么明晰的印象。还在他幼年时期，伦敦城里最有名的女王剧团曾经到斯特拉福镇演出过。此后多年中，每年都有几个剧团来这里演出。这些演出在莎士比亚幼小的心灵上播下了爱好戏剧的种子。他惊奇地看到，为数不多的几个演员，凭借一个小小的舞台，竟能演出一幕幕变幻无穷的戏剧来：一会儿再现古代世界，一会儿描绘现实人生；有时候让人捧腹大笑，有时候催人泪下。

这多么神奇，多么有趣！他的心完全沉浸在戏剧里了。他常常邀请几个小伙伴，模仿自己看到的戏剧情节，有声有色地演起戏来。有时候，他为了思考一个剧中的情节，独自一个人在田间小径上踱来踱去，琢磨某个角色的动作表情。他暗暗下了决心：要终身从事戏剧事业。

他知道，当个戏剧家，要有很丰富的知识。因此，他像一头小牛闯进菜园一样，贪婪地读着哲学、文学、历史等方面的书籍，自修希腊文和拉丁文，多方面地吸取营养。几年工夫，他已经是一个相当博学的人了。

一天，莎士比亚突发奇想，能在戏院里谋个职位就好了。可这样的机会不是太多。他就主动到戏院服务：他做马夫，专门等候在戏院门口伺候看戏的绅士。有乘车的贵客到了，就赶紧迎上去拉住马匹，系好缰绳。日子长了，他和看门人混熟了。看门人特许他从门缝里和小洞里窥看戏台上的演出，他边看边细心琢磨剧情和角色。夜深人静的时候，是他发愤读书、苦练演戏本领的时候，他屋里的烛光常常彻夜不熄。

莎士比亚凭借自己的毅力，很快掌握了许多戏剧知识。有一位著名演员很欣赏莎士比亚的才能，请他到剧团里演配角。莎士比亚喜出望外，他知道在演出实践中能提高和丰富自己的艺术才能。为了演好戏，他经常深入下层社会，观察那些流浪汉、江湖艺人和乞丐，同自己周围的各种人谈心，学习他们的语言谈吐，熟悉他们的生活习惯，体会他们的思想感情。这样，他很快就成了一个十分活跃的演员。

当时，英国的戏剧界活跃着一批被称为"大学才子"的职业剧作家。他们受过高等教育，在戏剧方面有些成就。他们垄断剧坛，不许他人插入，莎士比亚在他们面前并不自卑和怯懦。他用一年多的时间写出了剧本《亨利六世》三部，引起戏剧界的注意。1595 年，莎士比亚的里程碑式的剧本《罗密欧与朱丽叶》问世了，这确立了莎士比亚在世界文学史上的地位。他一生共写了 37 个剧本，十四行诗 154 首，还有两部叙事长诗。

信念感悟

一个人如果对自己的理想充满热爱，并选定了自己的目标，就会自发地尽自己最大的努力去学习。如果一个人一生当中没有任何目标，那他最终就会迷失自己。

罗斯福——我还要走进白宫

一个人对自己的人生有影响的特质，简单点可分为优秀的和低劣的，在这两个极端中间是不太构成影响的问题。优秀的方面一般称之为优点；低劣的称之为缺点。人认识不到自己的优点，有时候会让一个人埋没自己，或者，压抑人生，听来难免有点浪费的感觉，但是一般不会造成很重大的影响，不会导致反面的行为事态发生，最多的也就是把优

秀降级为平庸。然而，一个人认识不到自己的缺点，那是一个相当严重的问题，反过来讲，如果认识到了自己的缺点，一般来说会有很大的受益。

没有一个人能比罗斯福更了解自己，他清楚自己身体上的种种缺陷。他从来不欺骗自己，认为自己是勇敢、强壮或好看的。他用行动来证明自己可以克服先天的障碍而得到成功。

凡是他能克服的缺点他便克服，不能克服的他便加以利用。通过演讲，他学会了如何利用一种假声，掩饰他那无人不知的暴牙，以及他的打桩工人的姿态。虽然他的演讲中并不具有任何惊人之处，但他不因自己的声音和姿态而遭失败。

他没有洪亮的声音或是庄重的姿态，他也不像有些人那样具有惊人的辞令，然而在当时，他却是最有力量的演说家之一。由于罗斯福没有在缺陷面前退缩和消沉，而是充分、全面地认识自己，在意识到自我缺陷的同时，能正确地评价自己，在顽强之中抗争。不因缺陷而气馁，甚至将它加以利用，变为资本，变为扶梯而登上名誉巅峰。在晚年，已经很少人知道他曾有严重的缺陷。

"这个世界上，没有人能够使你倒下，如果你自己的信念还站立的话。"这是黑人领袖马丁·路德·金留下的一句很激励人心的话。

当罗斯福还是参议员时，深受人们爱戴。有一天，罗斯福在加勒比海度假，游泳时突然感到腿部麻痹，动弹不得，幸亏旁边的人发现和救援及时才避免了一场悲剧的发生。经过医生的诊断，罗斯福被证实患上了"腿部麻痹症"。医生对他说："你可能会丧失行走的能力。"罗斯福并没有被医生的话吓倒，反而笑呵呵地对医生说："我还要走路，而且我还要走进白宫。"

第一次竞选总统时，罗斯福对助选员说："你们布置一个大讲台，我要让所有的选民看到我这个患麻痹症的人，可以'走到前面'演讲，不需要任何拐杖。"当天，他穿着笔挺的西装，面容充满自信，从后台走上演讲台。他的每次迈步声都让每个美国人深深感受到他的意志和十足的信心。后来，罗斯福成为美国政治史上唯一一个连任四届的伟大的总统。

成功学的创始人拿破仑·希尔说："自信，是人类运用和驾驭宇宙无穷大智的唯一管道，是所有'奇迹'的根基，是所有科学法则无法分析的玄妙神迹的发源地。"

罗斯福即使在身体残疾时，也总是对自己充满自信，总是充分相信自己的能力，深信所做的事业必能成功。因此在他做事时，就能付出全部精力，排除一切艰难险阻直到胜利。

自信的人生是永远不会被社会击败的，除非他自己最后精疲力竭，无力拼搏。最富有成就的人就是依靠他们自己的自信、智慧和能力取得成功。

没有人天生就是坚强的，坚强的人是在经历了许多之后，懂得去承担而已。

要变得坚强的你，就要懂得去经历。当不幸和痛苦袭来的时候，第一次是很痛的；第二次，也许你会好一点；第三次，也许你学会安慰自己了；第四次，也许你开始冷静了……有一天不幸再来的时候，你不再哭泣，而是冷静地思考，微笑着安慰和你同样受苦的人了！

 **信念感悟**

不放弃自己就是真正的坚强。有很多的人不哭不笑凡事争竞，就以为是坚强，其实那是坚强失去后的坚硬。不要放弃自己，更不要为人的评价活着，要知道我们的生命远比他们眼中所看到的重要。你生命的价值不是你自己所估计的那样，更不是别人所估计的那样。

5 岁作曲的莫扎特

坐等事情发生，就好像等着月光变成银子一样渺茫。希望发生奇迹，能够取代自然法则的作用，那简直是不可能的。只有脚踏实地的工作，才会获得自己希望得到的东西，在有助于成功的所有因素中，脚踏实地是最有效的；在有助于你成功的所有品质中，脚踏实地是最可靠的。

莫扎特智慧超群，自孩提时代就对音乐产生了兴趣。他一听到音乐就用小手拍着。奇妙的是，他拍得很合拍，很有节奏感。

莫扎特的姐姐玛丽娅每次练习钢琴时，爸爸总是精心指导，因而玛丽娅进步很快。每当琴声响起，小莫扎特就不吵不闹，静静地聆听着。

有一次，当玛丽娅正聚精会神地练琴时，4岁的莫扎特走到姐姐跟前，乞求姐姐让自己弹刚刚演奏过的那首曲子，玛丽娅亲昵地指着弟弟的鼻子说："看看你的小手，还不能跨过琴键呢，怎么弹琴呢，等你长大了再学琴吧。"说过她又继续练起琴来。

一天，全家用过晚餐，玛丽娅帮妈妈在厨房里洗碗时，莫扎特就坐在钢琴上弹起来。父亲雷奥博正在边喝茶边抽烟休息，听到琴声后，猛然站起来，惊喜地说："听，玛丽娅把这首曲子弹得简直妙极了！"

话音刚落，玛丽娅就从厨房里走了出来。雷奥博呆住了，这是怎么回事呢？他立即爬上楼轻轻地推开门，哇，只见小莫扎特正在聚精会神地弹奏呢！父亲看出儿子有着优秀的音乐天赋，便开始对他进行早期教育了。

从4岁起，莫扎特就弹起了钢琴，拉起了小提琴。莫扎特的接受能力极强，许多曲子只听一遍，就毫不费力地记住了。父亲怕莫扎特负担过重，不想过早教他作曲。可是到5岁时，莫扎特看着父亲写乐谱，便也开始学着作曲。有一次，父亲走进莫扎特的房间，见他正趴在桌上，在五线谱上专心地写东西。他随手拿起一看，不禁吃了一惊。原来儿子在写钢琴协奏曲，而且写得完全符合规格。

一天，父亲创作了一首小步舞曲。他要儿子把这个乐谱送到剧院院长处去，并说明这是专为他女儿创作的。不料，路上一阵大风，把莫扎特手里的乐谱刮跑了。他一面哭着，一面追赶着到处飘荡的乐谱。乐谱没有全找回来，怎么办呀？莫扎特跑到小伙伴家里，借来笔纸，自己写了首乐谱送去。

第二天，院长带着女儿来拜谢，说莫扎特父亲的舞曲写得太妙了，他还让女儿把舞曲弹了一遍。莫扎特的父亲听后惊呆了，他说："这不是我作的舞曲。"他转身问儿子："这首乐曲是谁写的？"莫扎特只得说出原委。父亲听后激动得流出了泪，一下子把儿子抱在怀里。

此后，父亲就开始教他难度较大的作曲练习。聪明勤奋的莫扎特，在家里不是弹琴就是作曲，五六岁的孩子像大人一样整日埋头音乐之中。为了让莫扎特开阔眼界，少年成名，自 1761 年秋天起，父亲就带着 6 岁的儿子到奥地利首都维也纳演出。接着，又到德国、法国、英国、荷兰和瑞士演出。每到一地，都获得好评。

7 岁那年，他在法国巴黎一个音乐会上，为一位著名的女歌唱家弹琴伴奏，只听她唱了一遍，就能不看乐谱，自由地伴奏，从头到尾一点不错。女歌唱家再唱一回，他又在琴上另选新的伴奏。每唱一曲，他的伴奏都变化无穷，和谐动听，听众惊叹不已。这件事被欧洲人称为"18 世纪的奇迹"。

莫扎特 11 岁便能指挥大型歌剧演出，并写成了第一部歌剧《阿波罗和吉阿琴特》。12 岁时指挥德国著名的乐队，名闻世界乐坛。13 岁时，便在萨尔斯堡任大主教宫廷教师。

莫扎特只活到了 35 岁。在短短的一生中，他写了歌剧 19 部，交响曲 47 部，钢琴协奏曲 27 部，小提琴协奏曲 5 部，弦乐四重奏 22 部，钢琴奏鸣曲 29 部，小提琴奏鸣曲 37 部，其他各类乐曲 100 多部，给人类的音乐宝库中留下了珍贵的艺术财富。

 **信念感悟**

> 天才是在勤奋和汗水中成长的。

诺贝尔艰难的成才之路

很多年轻人在职业生涯遇到挫折的时候，轻易地放弃了，转而从事不适合自己、也不能引起自己热爱的职业，勉勉强强做下去。有些人回到了自己原本要努力挣脱的生活中去。虽然他们知道坚持下去还会看到希望，但也会遇到新的挫折，而对挫折的厌倦使他们放弃了希望。别人的言行也影响着他们的决定。有人说：你在干一件注定不能成功的事。有人说：你

没有这方面的天赋，你为之付出是愚蠢的，你在虚度年华。而一同奋斗的伙伴纷纷退出，也使他们感到孤独、无望。

在世界科学史上，有这样一位伟大的科学家。他不仅把自己的毕生精力全部贡献给了科学事业，而且还在身后留下遗嘱，把自己的遗产全部捐献给科学事业，用以奖励后人，向科学的高峰努力攀登。今天，以他的名字命名的科学奖，已经成为举世瞩目的最高科学大奖。他的名字和人类在科学探索中取得的成就一起，永远地留在了人类社会发展的文明史册上。这位伟大的科学家，就是世人皆知的瑞典化学家阿尔弗雷德·伯恩哈德·诺贝尔。

其实诺贝尔的一生并不是一帆风顺的。

诺贝尔 1833 年出生于瑞典首都斯德哥尔摩。他的父亲是一位颇有才干的机械师、发明家，但由于经营不佳，屡受挫折。后来，一场大火又烧毁了全部家当，全家生活完全陷入穷困潦倒的境地，要靠借债度日。父亲为躲避债主离家出走，到俄国谋生。

诺贝尔的两个哥哥在街头巷尾卖火柴，以赚钱维持家庭生计。由于生活艰难，诺贝尔一出世就体弱多病，身体不好使他不能像别的孩子那样，活泼欢快。当别的孩子在一起玩耍时，他却常常充当旁观者。童年生活的境遇，形成了他孤僻、内向的性格。

诺贝尔的父亲倾心于化学研究，尤其喜欢研究炸药。受父亲的影响，诺贝尔从小就表现出顽强勇敢的性格。他经常和父亲一起去实验炸药，几乎是在轰隆轰隆的爆炸声中度过了童年。

诺贝尔到了 8 岁才上学，但只读了一年书，这也是他所受过的唯一的正规学校教育。到他 10 岁时，全家迁居到俄国的彼得堡。在俄国由于语言不通，诺贝尔和两个哥哥都进不了当地的学校，只好在当地请了一个瑞典的家庭教师，指导他们学习俄、英、法、德等语言。体质虚弱的诺贝尔学习特别勤奋，他好学的态度，不仅得到教师的赞扬，也赢得了父兄的喜爱。然而到了他 15 岁时，因家庭经济困难，交不起学费，兄弟三人只好停止学业。诺贝尔来到了父亲开办的工厂当助手，他细心地观察和认真地思索，凡是他耳闻目睹的那些重要学问，都被他吸收进去。

为了使他学到更多的东西，1850 年，父亲让他出国考察学习。两年的时间里，他先后去过德国、法国、意大利和美国。由于他善于观察、认真学习，知识迅速积累，很快成为一名精通多种语言的学者和有着科学训练的科学家。回国后，在工厂的实践训练中，他考察了许多生产流程，不仅增添了许多的实用技术，还熟悉了工厂的生产和管理。

就这样，在历经了坎坷磨难之后，没有正式学历的诺贝尔，终于靠刻苦、持久的自学，逐步成长为一个科学家和发明家。

 信念感悟

当你足够强大，困难和障碍就微不足道；如果你很弱小，障碍和困难就显得难以克服。向困难屈服的人必定一事无成。很多人不明白这一点，一个人的成就与他战胜困难的能力成正比。他战胜越多，取得成就越大。